U0938942

因为不能飞，所以要奔跑

总有一天，你会感激现在拼命的自己

砍柴人◎著

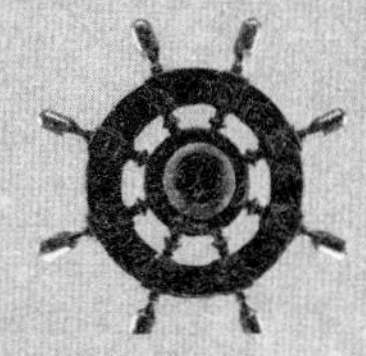

CFP 中国电影出版社

图书在版编目（CIP）数据

因为不能飞，所以要奔跑 / 砍柴人著. —北京：中国电影出版社，2013.11

ISBN 978-7-106-03767-3

Ⅰ. ①因… Ⅱ. ①砍… Ⅲ. ①成功心理—通俗读物 Ⅳ. ①B848.4-49

中国版本图书馆CIP数据核字（2013）第259382号

责任编辑：张惠君
封面设计：久品轩
版式设计：刘　杰
责任校对：叶　子
责任印制：庞敬峰

因为不能飞，所以要奔跑
砍柴人　著

出版发行 中国电影出版社（北京北三环东路22号）邮编10013
电话：64296664（总编室） 64216278（发行部）
64296742（读者服务部）Email：cfpygb@126.com
经　　销 新华书店
印　　刷 廊坊市华北石油华星印务有限公司
版　　次 2014年3月第1版　2014年3月第1次印刷
规　　格 开本/880×1280毫米　1/32
印张/9.125　字数/235千字

书　　号 ISBN 978-7-106-03767-3/B·0095
定　　价 29.80元

我和三个人的谈话记录

——代序

一

王以轩，25岁，黑龙江人，高中文化，京漂，现租住在北京北部城乡结合部。他白天在北京各大影视基地做群众演员，晚上在地铁站摆地摊赚生活费。我们在上岛咖啡店里曾经有过这样一段谈话：

我：北京房价高居不下，外地人买车买房均受限制。你现在连生计都成问题，什么时候才能在北京成家立业呢？

王：北京是富人的天堂，却不是穷人的地狱。这里唯一的好处是，只要我愿意，就能养活自己。我摆几个晚上地摊，运气好的话就能赚够一个月的房租钱和生活费。接几部戏，扮演几个小角色，也会有一部分收入。就算北京房价降一半，我依然买不起。我不买房子，房价高低关我屁事？如果我成为王宝强那样的演员，就算北京的房价再高出十倍，对我来说依然是屁大点儿事。

我：你不觉得自己活得很苦、很累吗？

王：如果我爸是李嘉诚，我肯定不会过这样的生活；如果我爸是张艺谋，我肯定不会遭这份罪。遗憾的是，我爸只是东北偏僻山村的农民，他拼了老命也只能给予我这样的生活。即便活得再苦再累，我恨他有用吗？一天六个馒头一袋榨菜，十块钱就能保证我死不了，活着有什么可累的？

我：你来北京三年，虽说混在影视圈，却时常为温饱发愁。如果三年以后依然如此，你还会坚持吗？

王：我为什么要放弃呢？成为著名演员是我一生的追求。

我：是因为杨坤、黄渤和王宝强的大红大紫吗？他们仅仅是极特殊的个案。像你这样的京漂有几万人，老天爷睁眼看到的能有几个？

王：无论什么事情，都是因为努力才有希望，而不是因为有希望才努力。如果现在放弃，我知道三年后自己是什么样子。那样的我已经活了二十五年，绝对是令我深恶痛绝的；如果不放弃，我不知道三年后自己是什么样子。因为未知，所以我必须尽自己一切努力争取。

我：你确定自己会成功？

王：不确定。我现在已经活得很差了，三年后再差，还能差到哪里去？三年的时间，无论我做什么都会过去，为什么我不做自己想做的事情呢？

我：听说现在的娱乐圈非常乱，也非常烂。你不是美女，也不是帅哥，连被潜规则的机会都没有；你不是星二代，既没有梯子也没有靠梯子的墙，空手夺白刃，谈何容易？

王：你说的都是事实，我现在一穷二白一无所有也是事实。影视圈是好是坏，已经是那个样子，我说了不算，也改变不了，所以我不去想，也没必要想。但是，我相信，一只手再大，也遮不住天；星二代再多，也包揽不了所有角色。我从未奢求一下子大红大紫，只想在各种不公平竞争之中，把握住自己遇到的每个机会，然后步步向前，能走多远是多远。

二

肖凡，40岁，辽西人，三流大学毕业，北京某集团公司的副总，年薪百万。当初我们一起来北京谋生，曾经是难兄难弟。前几天为了庆祝他的乔迁之喜，我们在他的新居里有过这样一段谈话：

我：北京房价以神十的速度上涨，老百姓闻房虐心，你却一而再、再而三地换房，逆袭啊！十年间，你从40平方米的一居室换到300平方米的独栋别墅，让我这样的老实人都有了打土豪分田地的冲动了！

肖：你怎么不说我从三环里搬到五环外呢？见到我这样的你就想打土豪分田地，要是见到我们公司的牛总，估计你都有发动第三次世界大战的冲动了。前几天，我们公司在望京买下一栋6000平方米的办公楼，全额付款。我们是民营企业，牛总自己掏腰包的！这叫什么？这叫人比人得活着，货比货得留着。

我：你还好意思说！当初在老家时，你不是自杀过一次吗！我记得当时你结婚才三个月，为什么突然间万念俱灰、想自绝于人民呢？

肖：其实就一个原因——累的，累得我实在受不了啦，想一下子彻底解脱！好在当时我没死了，否则咱们今天就没有机会坐在北京富人区里喝21年的皇家礼炮。咱们还是好好活吧，以后还会有喝1982年拉菲的机会。

我：当初你干什么了，能把骡子似的你累到那种程度？

肖：家里盖房子嘛！我上大学时，因为家里穷，不得不在假期到建筑工地打工，所以我会点儿砌砖的手艺。我家的房子是砖石混砌结构，砌砖和砌石头必须同时进行。砌石头的工作包给村里的一个工程队，砌砖的工作全部由我做。为了不耽误工程进度，我必须早上五点开始干活，中午吃饭十分钟，然后一直干到晚上七点。

我：现在建筑工地上的农民工，每天工作均14个小时，甚至更多，也没有一个人累得想自杀吧？

肖：他们当然不能。因为椽子不够，我晚上十点以后要到离家四公里的山上偷树，每次回来负重均达70公斤以上。一个晚上偷三次，直到凌晨四点停止。这样的日子，我重复了五天，体力、精力、心力严重透支，精神彻底崩溃了。

我：你怎么看这次经历呢？

肖：我真的很感激自己有过那样的经历。从那以后，我就不知道世界上什么叫苦，什么叫累，有没有我干不了的事儿。你也知道，当初我是带着家里仅有的200元钱来北京的。对了，你只带80元吧？

我：嗯，已经是我家里的全部积蓄了！

肖：咱俩到北京交了房租之后，手里总共剩下50元。两个二十多岁的壮汉，在天子脚下靠50元钱居然能活两个星期，还没花了，奇迹啊！

我：当时我发誓，就算死也死在北京。

肖：我也是这样想的。不是咱们有多无耻，而是咱们在老家做生意没本钱，找工作没门路。我本来想通过考大学翻个身，结果却把家底赔光了，还欠下一屁股债。如果我爸是县长，就算北京市政府请我，我还真不一定能来，没准现在我已经是县长了！

我：别说我爸是县长，是乡长我都不来北京。俩壮汉一天只吃一斤挂面，饿得我眼睛发绿。还真落下病根儿了，现在我有点钱就想存入银行，非常担心再过那样的日子。当初我跟你混就好了，最起码现在不用码字。码字的劳动强度，跟你当初砌砖差不多。你一直跟着牛总干吧？听说牛总人品不怎么样，把女人当男人用，把男人当骡子用。

肖：当时我们公司刚刚成立，七八个人四五杆枪。就我一个人是学环工专业的，拿五百块的工资，却包揽公司的工程师、设计师、施工队长、技术工人、会计等工作，真正做到了五加二、白加黑，标准的劳模啊！

我：这哪是打工啊，简直是给秦始皇修长城！老牛对你就是无耻的剥削和压榨。我就纳闷了，你怎么能跟这样的老板混十几年呢？

肖：很多事情我不能在乎。不能在乎的原因，不是因为我不懂，而是在乎不起。在乎不起的事情还去在乎，只能使自己痛苦不堪。那时我在北京人生地不熟，好不容易找个与专业对口、发展前景看好的工作，还有什么资格奢求老板大发善心呢？

我：我真没有想到你吃过那么多苦。老牛每个月只给你500元，虽然包吃住，但也不能因此理直气壮地剥削你吧？

肖：我们现在提到剥削二字就愤怒，有必要吗？我们静下心来想一想，如果真的有一天，没有人愿意剥削我们了，就值得我们欣慰吗？未必吧？不是我们有多贱，而是我们来自社会底层，无力可借。我们生来就是一头驴，要想在同一时间内跑完千里马的行程，只有奋力扬蹄，日夜兼程。话又说回来，如果我当时不包打前敌，力杀四门，就不会成为环工行业的专家，更不会做到现在的位置；如果我没有为500元拼命工作，就不会有现在的百万年薪。我相信，一个人只有吃过多大的苦，才能享受多大的福。

三

周教授，65岁，北京某名牌大学社会学系著名教授，博士生导师。在一次朋友请客的酒桌上，我有幸结识神交已久的周教授，我们也就有了下面这段对话：

周：我在香港机场转机时，看过你那本台湾繁体版的《穷人与富人的距离0.05厘米》，很不错的。

我：周教授取笑吧？我写的东西，连老家市作协的人都看不上，还能入你的法眼？在那些作家眼里，我写的东西连屁都不是。

周：当时我随手翻了翻，觉得有点儿意思。最起码我觉得这本书对年轻人，尤其对社会底层年轻人，有一定的帮助。这个社会很复杂，甚至很邪性，必须有人愿意站出来，帮助他们认识一些问题，看清一些问题。你的文字，虽不能流芳百世，但也许能唤醒没有装睡的人。我相信，看过你作品的年轻人，当他们老去的时候应该会想起你的文字，无论他们庆幸还是后悔。

我：我觉得我的作品确实挺俗的，说好听的叫励志，说不好听的叫鸡汤，肯定不会获诺贝尔文学奖，为民族争光。尽管我没有像传销大师那样歇斯底里，恬不知耻，但也不像某位大师那样教年轻人学圣人，学贤达。当然，没有人逼我这样做，我来自草根阶层，自然要关注草根阶层，自认为这是自己必须履行的义务。

周：我倒觉得让头顶压着房价、教育、医疗、养老四座大山，腰缠穿法袍的黑蛇、穿白大褂的白蛇、戴眼镜的眼镜蛇，让已经沦为奴的年轻人学圣人、学贤达是很无耻的事。我相信社会一直在进步，但从农民到公民肯定需要一个漫长的过程。在等待的过程中，来自社会底层的年轻人只有自力更生，学会在夹缝中生存，逆势生长，想尽办法多赚钱，才能保证自己住得起房，看得起病，养得起孩子，孝敬得起父母，承担得起家庭的责任。至于那些嘴上说一套、心里想一套、手上做一套的“三套人”说的话，年轻人千万别信，离他们越远越好。

我：周教授，你一直致力于社会学研究，一定非常了解当下的社会，也一定知道充满戾气的社会问题的根源在哪里。你认为来自弱势群体且刚刚步入社会的年轻人，应该如何面对复杂多变的时代呢？

周：一句话，自己的归自己，社会的归社会。我说过，社会主义初级阶段是一个漫长的过程，必然会出现这样或那样令人失望甚至是绝望的人和事。年轻人憎恨、抱怨、咒骂甚至自杀都不起任何积极作用，只能使自己活得更糟糕、更没劲儿，最后殃及最亲近的人。现在我国每年自杀的人数排世界第二位，其中没有任何心理疾病的占百分之八十。有谁知道他们是张三李四？还不是该喝酒的喝酒，该吃肉的吃肉？生在草根阶层，命不如蚁，自己不珍惜，就别指望别人在乎。别人都很忙，忙着维护集团利益，忙着变态般地享乐，既没有时间也没有心情，都懒得知道你是谁。

我：如果你送给当下社会底层年轻人三句话，你会说什么呢？

周：因为不能飞，所以要奔跑；好命不如好习惯，世界上没有救世主，更没有大救星，只能自己救自己；全世界都可以放弃你，唯独你不能。

砍柴人

2013 年盛夏 · 北京

目录
Contents

第一章　是命选择人，还是人选择命

1. 人，首先是活给自己的　/2
2. 卑贱贫富，是自己的选择　/6
3. 自身没优势，永远没机会　/10
4. 自负会蒙住左眼，享受会蒙住右眼　/15
5. 只有奋力争取，才能得到　/21
6. 绝对的公正和公平是浮云　/26
7. 忽略资格和客观条件的限制　/30
8. 人生永远不设限　/35
9. 控制自己，就是控制未来　/40

第二章　少问社会为什么，多问自己有什么

1. 这个世界不会在乎你的自尊　/46
2. 每个人都有自己的选择标准　/49
3. 接受自己所在的时代和社会　/54
4. 昨天和明天没有必然的联系　/58
5. 彻底宽恕自己的过去　/62
6. 甭想一步从卧室爬到天堂　/67
7. 你在自我感觉良好之前先要有所成就　/71
8. 尝试接受与你不同的人　/75
9. 尽力满足成为年轻富翁的条件　/79

第三章　生在意料之外，活在奇迹之中

1. 接受命运的错待　/86
2. 说和做，永远都是两码事　/91
3. 先做适者，再做强者　/96
4. 我们不需要别人做向导　/100
5. 寻找最适合自己发展的城市　/104
6. 选择最适合自己发展的圈子　/108
7. 我们要做一生的行者　/113

第四章　世风如此剽悍，咱们就别再愚蠢

1. 如何推倒人生的第一张多米诺骨牌　/120
2. 明确自己的优势是什么　/124
3. 必须培养预见能力　/128
4. 让优秀成为一种习惯　/133
5. 锁定一个目标奋力追求　/137
6. 凡事都要争取一下　/141
7. 趁着年轻必须赌一次　/145
8. 用失去换一个奇迹　/149

第五章　即使我们不能站起，也要爬着向前

1. 驴子和狗，是我们必须扮演的角色　/156
2. 坚定不移地相信自己是正确的　/161
3. 绝不放弃对未来的选择权　/166
4. 知道自己如何能成为真正的人　/170
5. 不做别人的梦，不去实现别人的理想　/174

6. 扯掉别人强加的“紧箍咒” /178
7. 把注意力全部集中在目标上，少想代价 /182
8. 有胆量面对失败 /186

第六章 不逼自己一把，就不知道自己有多大本事

1. 清除头脑中错误的生活概念 /192
2. 人生的游戏不能存盘 /196
3. 因为没有退路，所以必须前行 /200
4. 原地踏步，就等于拱手认输 /205
5. 挫折和痛苦是守卫成功的门神 /208
6. 身边常备“责任”这剂良药 /212
7. 实现梦想的最佳时间是现在 /217
8. 蜕一层皮就获得一次成长 /221
9. 给达成目标一个期限 /225

第七章 宁可强得让人羡慕，也不能弱得让人可怜

1. 你所遇到的事情，都是因你而发生的 /230
2. 贵人不一定是好人 /234
3. 人有时候不是人 /239
4. 每个人都是按自己的需要出牌 /243
5. 不为一口食物做囚徒 /248
6. 关注自己的需要，忽略别人的眼神 /252
7. 翻脸不如翻身 /258
8. 让计划服从变化 /262
9. 这是赢在转折点的时代 /267
10. 完成破茧成蝶的过程 /272

第一章

是命选择人，还是人选择命

仅有五斗稻粱，不足以改变你猪一样的命运。无论你选择苟活，还是像狗一样活，都是社会舞台下面需要买票进场的观众，而不是台上赚巨额出场费的主角。

你要想成为社会舞台上的主角，就必须立即脱下父辈的马甲，穿上自己的战袍，与这个时代死磕到底。

你连活着都不怕，还怕什么？

1. 人，首先是活给自己的

我们面对似乎板结的社会，是不是感到心无力、脚无力、学历最无力，一切都是命运，一切都是天意，再多努力也无助？

我们面对拼资源拼人脉拼背景的时代，是不是感到自己手无寸铁、孤立无援，只有充当时代的炮灰的悲哀？

的确，作为出身社会底层家庭的草根，这种感觉确实有，而且很强烈。在这个看似无解的社会里，我们找不到自己满意的答案，只有怨天尤人的份儿。

但是，我们想过没有，即便是我们逢人便哭诉，时刻在微博上咒骂，社会该怎么样就怎么样。我们不是社会的小三，使用一哭二闹三上吊的伎俩，就可以轻松满足自己的需要。我们只不过是投胎错误的路人甲，社会不会因为有我们而健康发展，也不会因为失去我们而终止繁华。

因为从小接受“先天下之忧而忧，后天下之乐而乐”的教育，使我们对社会的概念存在错误的理解。试问，社会于我们而言，是包含四大洋五大洲的地球，还是包括23个省、5个自治区、4个直辖市和2个特别行政区的国家，还是全国13亿人口的衣食住行吃喝拉撒？仿佛都不是，我们关心这些，有点像关心朝鲜能否向美国发射导弹一样。作为认识不过百把人、日常活动半径不超过十公里的草根阶层的一分子，操这份闲心是不是有点可笑？

真正属于我们的社会是什么呢？

一个因有共同经历而形成的社会圈子，譬如同学、同事、同行、朋友等。我们可以毫无理由地离开一个圈子，也可以带着各种目的加入另一个圈子。没人能对我们进行干涉，除非我们愿意。

一个为我们生活提供保障的公司，我们与老板或者领导进行简单的交换或者交易，从中得到或多或少的钱。公司与老板的好坏，不是我们能决定的，却是我们自己选择的。我们所在的公司再小再穷也是好的，最起码还能给我们养家糊口的钱；其他公司再大再好再人性化，只要他们不接纳我们，对我们来说只是一个传说，一片浮云。

一个由父母、老婆孩子组成的家庭。无论父母出于什么原因把我们带到这个世界上，并把我们抚养成人，对此我们只有感恩。别人的父母有钱有势，也只能对他们的孩子负责，跟我们五毛钱的关系都没有。老婆是自己选的，孩子是自己生的，都不是强盗用枪逼着我们做出的选择。既然他们是我们自己自愿的选择，我们对他们不负责就是耍流氓了。

看来，我们的社会只包括一个圈子，一个公司和一个家庭，仅此而已，并且都是我们自己选择的。如果我们抱怨社会很差很糟糕，就等于抽自己的嘴巴。

当然，圈子、公司和家庭里的资源、能量和财富是不同的，同一个人在不同的圈子里获得的回报自然不同。

但是，进入任何一个圈子，都需要投名状的，也就是我们的身份、能力和资源必须与圈子相匹配。这是社会的属性，圈子的属性，从古至今一直如此，以后还会这样。以前叫花子遭到大户千金小姐舍命狂追，那是落魄书生的意淫；现在幻想年轻总裁为自己寻死觅活，那是文艺女青年的祈祷。

只有匹配才能正常运转，汽车如此，电脑如此，为什么社会不能如此？

也许我们当中有人会说，现在市长的儿子当市长，县长的儿子当县长，只是因为人家投胎正确，与能力无关，与努力更无关。

反过来我们要问这些人，你现在一无是处百无一用，为什么还要装灯整景地追女孩子，甚至还想生孩子，你这不是难为自己的孩子、逼他犯错误吗？你现在抱怨自己在拼爹时代无爹可拼，自甘堕落随波逐流，那么你是不是也将成为你儿子诅咒的人呢？

我们最大的错误，就是明知道自己没有翅膀，还想在天空中翱翔。在我们心目中，只有进入国家机关、世界500强企业，在环境幽雅的办公室里，清闲地处理轻松的工作，公司管理人性化，领导同事友善宽容，待遇福利丰厚，才算是人待的地方，才算是人做的工作。

我们渴望成功，渴望只做赚大钱的事，于是怀着宁缺毋滥的执著，鸵鸟一样行走于职场。大公司想进进不去，小公司能进不想进；大事做不来，小事不屑做。虽然做梦都想做成功的人，其实我们并不知道什么是真正的成功，不知道为了真正的成功现在最应该做什么，现在想做的和现在能做的有多大的距离。

我们当下要做的，就是忘记自己来时的路，甚至要忘记自己，少要求别人，多要求自己。千万别说自己不知道干什么，能干什么。即使我们一无学历，二无能力，社会上依然会有很多我们能干的工作，并且有人靠这些工作还发了财。

在社会丛林中，让自己变得强大，是我们不得不做、不能不做的事情。

世界上根本就不存在卑微的工作。任何工作，都是服务于社会的一部分，都是人们不可或缺的。所以，每一份工作，都值得人们去尊重。只要我们用心去做，这份工作都会把我们带到意想不到的高度。

现在，在地铁里乞讨的人，都拥有两套房子和护照了，我们再不闭上抱怨的嘴巴就有点过分了。别拿尊严说事，社会就是打破草根尊严的地方。即便我们视尊严为无价，但是只要它碎满一地，也会被人视为污染环境的垃圾。

既然我们来到这个社会，就为自己活一次吧。即便脱一层皮，也是为了成长。

2. 卑贱贫富，是自己的选择

在高中时期，只要我们思维正常，都知道学习的重要性。高考，考上什么学校，是自己人生的关键转折点，何去何从，决定着我们一生的命运。

那时和我们一样的同学有很多，同在一个学校，一个教室，接受同一批老师的教育，学同样的课本，在同一天考试，答同样试题，结果却不一样，有的人考上了名牌大学，有的人名落孙山。十几岁的我们都非常清楚这件事。

选择用什么样的态度面对高考，直接关系到我们考上什么样的学校。考上什么样的学校，直接关系到自己找到什么样的工作。为此，不用任何人督促，我们都会废寝忘食地学习，早起晚睡，把时间和精力都用到极限。

如果把用在高考时的奋斗状态，用在我们人生中任何一件事上，没有做不成的。

在我的公司，就有这样一个人，暂且叫他 S，现在他已经成为传奇的民间股神。据说在中国股市中，有 98% 的股民是赔钱的，有 1% 的人不赚不赔，只有 1% 的人发财致富，S 就是其中之一。既没有读过金融专业课程，又没有接受过职业投资培训的 S，在股市行走 20 年，创造了从两万变成两千万的民间散户投资神话。

因为是国有企业，虽然收入不高，但是工作上毫无压力，每天都有大把的空闲时间，过得轻松自在，我们为此暗暗得意。

空闲之余，办公室的同事们，有的上网聊天玩游戏，有的家常里短扯闲篇，总之想各种办法打发时间。只有学历最低的S，捧着天书般的股票类书籍研读，还认真地做笔记。

我们公司紧邻一家证券公司。只要时间允许，S便跑到证券公司看大盘，和老股民交流经验和心得。

那时是20世纪90年代末，S感觉自己对股市略有了解之后，便把自己一半的积蓄两万元投入股市。我们都认为他疯了，因为报纸上经常报道一些因炒股失败跳楼自杀的例子。像他这样看到数字便头大如斗的人，根本不适合炒股。

S似乎非常固执，把两万元砸进股市。不出我们所料，一个星期后两万元就变成了一万五千元了。为此，我们再次苦口婆心地劝他赶紧收手，五千块就当买个经验教训，并提醒他说，没有外财命，就别动歪脑筋。老实人就得干踏实事，过踏实的日子。

撑不着饿不死的日子过得非常快，三年转眼过去了。我们这群人除了增长三岁以外，依然重复着这三年的生活，悠闲地在公司和家两点一线上踱步。S却把他的两万元变成了20万元。对此，我们很嫉妒，甚至还卑鄙地暗自祈祷股市大跌。

S请我们吃饭，劝我们把存在银行的钱交给他。条件是亏了算他的，赚了利润他只拿利润的一半。

面对如此好的条件，我们依然没有动心。我们都认为，把自己辛苦积攒下来的血汗钱交给他，赚了还好说，一旦亏了，怎么好意思让他承担呢？那样的话，做人也太不厚道了。于是，我们找各种借口拒绝了S的好意。

后来，股市一路狂飙，冲过6000点，S果断清仓，赚到两千万，成为公司里赚几千元月薪却开宝马X5上班、住独栋别墅的人。我们这些自认为无比精明的人，还在为一点加班费、一点奖金相互较真较劲儿。

如果几个人从一个起点出发，去一个公司上班，十年内能让他们拉开距离的事情，那就是他们下班后睡觉前做的事情。

千万别说自己没时间没精力，这都是自己放纵自己的借口。既然我们有时间看几十集漏洞百出的电视剧，有时间不买一件东西逛半天街或喝半宿酒，或者跟几个不靠谱的网友云山雾罩，那么就应该有时间有精力做一件有意义的事。

著名的文物收藏家马未都原是中国青年出版社的编辑。他目前身家已经过亿，而和他当年一起工作的同事在领退休金。

著名作家、历史学者张宏杰，原是葫芦岛市某银行的普通职工，现在他不但是清华大学历史学博士后，而且著作等身，部部畅销。而他那些当年的同事，依然偏居辽西小城，沉浮于市井之中，为五斗稻粱谋。

上天虽然不给我们机会，但会给我们寻找和创造机会的时间。遗憾的是，不断抱怨没有机会的我们，却把这种时间用各种方式消磨殆尽，还搭上了激情和精力。

人与人之间虽无卑贱之分，但不等于人与人在各个方面真的平等，各种残酷的竞争依然存在，而且愈演愈烈。世界是平的，会使世界上所有从事同一职业的人与我们来竞争。既然是竞争，对手没有最强，只有更强，我们不在人上，肯定就会有人在我们之上。

现在的竞争，从大的方面是资源的竞争、科技的竞争，从小的方面是能力的竞争，意识的竞争。我们每个人都是竞争的参与者，也都是竞争结果的承受者。竞争的结果产生了贫富之别。

社会文明让人与人之间不再有卑贱之别，但竞争的结果却产生了穷人和富人。金钱和财富，蕴涵着巨大的改变力量，不管我们如何鄙视它。

其实，生活就是一次次高考，我们做了什么样的准备，就会有什么样的人生，就会成为什么样的人。没有人规定我们今生卑贱贫富，那是我们自己的选择。我们选择做一个穷人还是一个富人，别人无法阻挡。

我们是穷人还是富人，有没有改变社会改变别人的力量，实质上也是我们自己的一个选择。不是社会让我们成为穷人或富人，接受别人的改变或去改变别人，而是我们用自己行动的选票决定的。

3. 自身没优势，永远没机会

小狗汤姆到了养家糊口的年龄，妈妈让它出去找工作，赚钱养家。汤姆见妈妈年迈体衰，已经失去工作的能力，便爽快地答应了。汤姆来到人才市场，四处投放简历，却没有一家公司愿意聘用它。

奔波了一天，汤姆没有得到一个面试的机会。无奈之下，它垂头丧气地回到家里，对妈妈说："妈妈，也许我真是一个一无是处百无一用的废物，我投放了那么多简历，薪水要求那么低，就是没有一家公司愿意聘用我。"

妈妈看着心灰意冷的汤姆，奇怪地问："你没有找到工作，你的同学蜜蜂、蜘蛛、百灵鸟和猫呢？它们都找到工作了吗？"

汤姆叹了一口气说："它们都找到工作了！蜜蜂因为擅长飞行，被一家航空公司聘为空姐；蜘蛛因为从小就玩网络，被一家跨国 IT 公司聘为网络工程师；百灵鸟因为歌唱得好，与一家唱片公司签约，据说还要推出专辑；猫善于抓老鼠，被一家仓库聘为保管员。和它们比，我没有任何特长，又没有接受过高等教育，所以很难找到工作。"

妈妈继续问道："马、绵羊、母牛和母鸡，它们都没有上过大学，也都没找到工作吗？"

汤姆惭愧地说："它们虽然没有文凭，但是它们还是能为公司提供别人不能提供的服务：马能拉着战车征战战场，绵羊可以生产羊毛，母牛可以产奶，母鸡会下蛋。我就是一条狗，干啥啥不行，吃啥啥不剩，谁愿意花钱养活我呢？我任何优势都没有。”

妈妈想了想，说：“你的确不是一匹拉着战车飞奔的马，也不是一只会下蛋的鸡，但是你也有它们不具备的优势，那就是忠诚。你虽然没有受过高等教育，能力也不高，可是你的天性使你永远不会背叛自己的主人。记住我的话，儿子，只要自身有优势，就不怕没机会。你只要向社会展现自己的优势，就会有证明你存在价值的舞台。”

后来，正是因为汤姆比其他动物对主人都忠诚，被一个大富豪聘为私家总管，帮助富豪打理私人生活。

这个故事让我们明白一个道理——不论我们有什么样的家庭背景，接受过什么样的教育，只要自身有优势，在社会上就能找到体现自己优势的平台。

在逐渐板结、固化的现实社会中，别说创业机会、发财机会，就连简单的就业机会对年轻人来说，都已是稀缺资源。我们在大学毕业之后，能顺利地找到一份理想的工作，就足以谢天谢地谢人了。

面对这种尴尬，我们就不得不反思一下了，是职场人才已经饱和，还是我们自身存在问题？

软件航母微软公司在 1975 年初创时只有两个人，从只聘用程序员，到现在各种人才全部招聘，平均每年有两千多名新员工加入。对于微软这种靠技术打天下的公司来说，最宝贵的却不是技术，而是人才。微软公司最值得骄傲的是已经拥有一大批优势突出的人才，最缺的也是优势突出的人才。

很多中小型公司，最让老板发愁的也是找不到公司需要的人才。招聘时，一天能来几百人，却选不出一个来之能战、战之能胜的员工。既看不出这些人有什么突出的优势，也看不到可以培养的价值。老板就像一个很饥饿的人，走进自助餐厅却找不到符合自己胃口的菜。

现在职场存在一种非常尴尬的现象：一方面是公司找不到自己需要的人，另一方面是年轻人找不到适合自己的工作。问题出在哪里？其症结就在于，很多年轻人都没有明显的优势和特点。没有优势，在就业市场上就很难得到机会。

在我们成长过程中，父母对我们说得最多的一句话就是：你现在的任务是学习，只要把学习成绩搞上去，你喜欢做的那些事情，等大学毕业了再做也不迟。似乎我们从小学一年级到大学毕业的十二年中，唯一的任务就是读书，拿到毕业证。我们人生中的所有问题，都是在大学毕业之后才出现。

读书的时候，没有人提醒我们老师和老板不同，大学和社会不同。

成绩好，在同学和老师面前就是优势，各种奖励均能得到。我们获得这种优势很简单，只要把书本上的知识掌握得好，考试发挥得好就可以。为了获得这种优势，我们两耳不闻窗外事，一心只读圣贤书，让自己彻底与社会绝缘，把自己的天赋、兴趣、爱好通通扼杀。为了成为老师需要的电线杆子，把自己的枝枝蔓蔓全部砍掉。

走入社会我们才发现，现在的知识更新速度非常快，新技术、新问题层出不穷。我们在学校的那些优势，在进入公司之后，已经不复存在。书本上的知识我们掌握得再好，也无法解决社会上的新问题。高学分代表不了高学问，学问高代表不了能力大。

在公司里，我们必须是与众不同的才有优势，解决问题要有新思路新办法，工作中要有新理念新角度，想常人不敢想、做常人不敢做的事。

我们要想拥有这种优势，就必须结合自己的兴趣和天赋，利用业余时间找回被家长、老师砍去的枝枝蔓蔓了。在挤满同龄人的那块草坪上，尽快尽早地让自己成为一棵参天大树。

一个人身上的优势都不是一天形成的，都需要一个孕育、培养、发展、壮大的过程。一滴水，在任何地方都没有优势，但是一杯水、一升水、一池水、一湖水就有它的优势了。最后形成河流、海洋，就会气吞万里，横扫一切，势不可挡。

重返世界首富位置的比尔·盖茨，就是善于利用业余时间，把自己的兴趣、天赋转化成巨大优势的人。他 13 岁写出了第一个程序，读法律专业时却对计算机技术时刻关注，利用各种机会做小生意。一个小孩子写出的程序算什么玩意儿？一次赚几千美元的生意算什么生意？但是，这些都是孕育成微软帝国的一个细胞，微软帝国只不过是这个细胞不断裂变的结果。

因此，盖茨才有资格对年轻人说："挑选一个你认为真正能在这里做出独特奉献的领域，你将享受为它而工作的每一天……从非常小的事情开始。"

我们要在工作之余，在自己的能力范围之内，想办法找一件事尝试着做。这件事可不是为了打发时间、挥霍青春或寻找刺激。我们先确定自己喜欢并想进入的行业，想办法接触这个行业的人，看能不能做一个兼职，哪怕是没有回报的一件小事，也值得一做。

不要说自己时间不够，精力不足，也不要担心自己做不好。即使我们做的十件事全部失败，也是有收获的，最起码能让我们知道自己的不足，做成这件事还需要什么条件，还得做什么准备。

什么事情，做过就比没做过有优势。一个成功人士拥有的巨大优势，也不是在一天两天之内、做一件事两件事之后形成的，都有一个循序渐进、由小到大的过程。如果我们利用业余时间去接触一个行业，最起码会接触到这个行业中的很多人。能认识很多人，本身就是一种优势。

现在很多公司的业务都实行社会化，需要一些兼职。我们应该时刻关注一些招聘网站，和自己想进入的行业相关的公司，看看有没有适合自己做的兼职。我们做这种兼职，不应该以赚钱为主，应该有选择性的，不是和扩大自己的优势有关，就是和自己的发展方向有关。

现在的职场，需要复合型人才，需要多面手。如果我们把自己的注意力只集中在办公桌上，那么几年之后，我们就会沦落成能力单一、思维僵化、优势殆尽的人。如果是这样，别说加薪晋职，就连保住工作都很难。

在森林里，甲乙两个年轻人遇到了凶猛的熊。甲刚想跑，却见乙蹲下系鞋带。

甲不解地问："熊来了，你不赶紧跑，系什么鞋带啊？"

乙说："在森林里，我们还能跑过熊吗？只要我跑过你，就是安全的！"

熊出没时，系紧鞋带就是优势，能跑过同伴也是优势。

在职场中，我们没有任何优势，就很容易被任何人取代。我们的优势越明显，在公司里的作用就越发不可替代。

总之，我们要充分利用业余时间，力争比那些离开公司就忘乎所以的同事多经历一些事情，并通过做这些事，形成自己与他们的竞争优势，引起其他公司的关注。

任何机会，都属于具有实力优势的人。有优势的人，比没有优势的人更善于认识机会，把握机会。

4. 自负会蒙住左眼，享受会蒙住右眼

网上曾经流传过这样一个催人深省的故事。

从哈佛大学毕业的乔治，一生中穷困潦倒，50 岁时一无所成，一无所有，郁闷而死。他死后在天堂里遇见了上帝，愤怒地向上帝抱怨："主啊，在我 50 年的人生中，从 10 岁起我就成为你的虔诚信徒，一直对你敬畏有加。可是你却把好机会都给了不信仰你的人。对我一次次地虔诚祈祷，你视而不见，充耳不闻，从不赏赐给我一个像样的机会，使我空有满腔才华却平庸一生。这不公正，也不公平！"

上帝翻了翻桌上的账本说："不会吧，你的祈祷我都听见了，也按着你的要求给你机会了，我这里都记着呢！"

乔治说："我一生都在向你祈祷，求你赐给我机会，让我成为 IT 帝国的帝王和世界首富，拥有十几万名员工和几千亿资产的跨国公司，拥有豪华别墅、私人飞机和游艇……你什么时候给我机会让我实现这些宏伟目标了？你把这样的机会都给了根本不相信你存在的比尔·盖茨了！"

上帝说："这不是事实！我给你好多机会，不过你把这些机会都无偿地送给了比尔·盖茨。机会一旦离开我，就不再受我的控制，我也没有办法收回来，谁能把握住就是谁的。"

乔治急了："我怎么能傻到把这样的机会送给比尔·盖茨？绝对

不会！伟大的上帝，你对我开的玩笑还不够多吗？”

上帝见乔治不信，便开启了时空隧道，把 1975 年乔治的生活场景重现。

画面里，乔治与比尔·盖茨同在哈佛大学宿舍里打扑克。这时同班同学艾伦拿着那年 1 月份的《大众电子学》走进来，把杂志递给乔治，说上面刊有关于计算机新发展的消息。乔治随手一翻，不耐烦地冲着艾伦喊道：“这种垃圾杂志你也看啊？懂不懂生活啊？你能不能搞一本《花花公子》啊？你们活得真没劲！我不玩了，泡妞去！”乔治随手把那本杂志扔给比尔·盖茨，然后扭着肥胖的屁股找女友蹦迪去了。

乔治走后，比尔·盖茨捡起那本杂志认真阅读。他立刻被一篇关于第一台个人电脑的报道吸引住了。

当晚，乔治与女友在迪吧疯玩到深夜，然后两个人又到一家宾馆开房，纵情享乐的画面让现在的乔治看了都感到脸红。

另一个画面，看完杂志的比尔·盖茨在床上辗转反侧，思索着电脑将来的发展趋势和自己并不感兴趣的法律专业。最后，他做出了辍学创业的决定，开创自己的公司。比尔·盖茨与艾伦在家人不理解、在乔治等同学的冷嘲热讽的情况下创办了只有两个人的微软公司。

上帝关闭了时空隧道，对乔治说：“那本杂志就是我送给你的消息，希望你看到其中的报道之后能做出正确的选择。可是你却说它没有《花花公子》好看，扔给了盖茨。”

乔治抱怨地说：“这不能怪我，当时你并没有提醒我，要不然我肯定会仔细阅读那本杂志。当时的大学生都像我那样生活，纵情享乐，醉生梦死，几乎没有人把精力放在学习上，更不会主动考虑大学毕业后自己能干什么。上帝，假如我大学毕业之后，在计算机领域拼搏的时候，你要是再给我提供一个机会，我能错过吗？青春年少，天真浪漫，谁不犯错误啊？”

上帝没有说话，又把时光隧道打开，让时光回到1980年。那时乔治已经是一家IT公司的经理。他坐在宽大的办公桌后面，叼着烟斗，翻看当天报纸的娱乐版。上帝化装成公司里的员工，敲了半天门才得到乔治允许进入的声音。

上帝对乔治说：“经理，我们一致认为，公司应该开发计算机操作系统。一旦我们开发成功，前景无限啊！”

乔治瞥了一眼上帝，用非常不屑的口气说：“我是老板你是老板？你有没有搞错啊？在公司里，还轮到一个小职员对公司的经营指手画脚！别说操作系统，就是连软件我都不想开发。你知道为什么吗？软件只是计算机的附属品，没有计算机，再好的软件有个屁用！我们现在要生产计算机，要生产比IBM、苹果更好的计算机！”

结果，乔治生产出来计算机的销量连IBM公司的零头都没有，当年就破产了。

上帝又让乔治看另一个画面，那是微软公司里的一个场景。那时微软公司正在研发面向网络操作系统的软件WindowsNT，第一个版本不成功，第二个版本也不成功，第三个版本依然失败。比尔·盖茨坐在办公桌后的椅子上，不停地摇晃头。

上帝扮成一名员工走进比尔·盖茨的办公室，对比尔·盖茨说：“我们耗费这么多人力财力，付出那么大的代价，三个版本都失败了，我们真的有必要做下去吗？这个不可预知的软件市场，对微软真的那么重要吗？我们是不是应该考虑放弃？”

比尔·盖茨对上帝斩钉截铁地说：“不，绝对不能放弃，一定要做下去，我确信这个选择没有错。微软已经错过好机会，没有及时把产品向互联网延伸过去。现在广大计算机用户对互联网有着强烈的诉求，我们不开发这个开发什么？”

第二天，比尔·盖茨下令其他部门停止研发其他产品，集中人力研发和互联网有关的产品。

上帝关闭了时空隧道。上帝还没有开口，乔治怨气更甚：“不、不、不，这绝不能怨我。如果你给我更多的机会，相信我一定能把握住的。我只需要一个机会……”

上帝打断了他的话：“乔治，你错了！你用自负蒙住了左眼，用享乐蒙住了右眼。在你的眼里，你比任何人都高明，你比任何人都会享受。即使我给你更多的机会，你也看不见，更不知道珍惜和把握。在你的生活里，面子比好的建议重要，享乐比机会重要。你来天堂的时候，拥有几百亿美元财富的比尔·盖茨在干什么？满世界做他的慈善事业。对人类来说，他已经成为上帝了！”

这是一个冷幽默式的笑话，但是从这个笑话中我们可以看出，这个世界从来就不缺乏机会。无论战争年代还是和平年代，机会每一天都存在。我们一直说，只要有一个机会就会改变自己的命运。没想到的是，在我们说这句话的时候，就有一个机会与我们擦肩而过。

世界上之所以有那么多乔治，而只有一个盖茨，不是偶然而是一种必然。在这个物欲横流的时代，享乐成为一张无形而巨大的网，把我们紧紧困在网中央。机械而盲目的消费快感，受到因无知而无畏的我们的推崇和追捧。

网上还有一个故事。

一个穷人遇到上帝，上帝问穷人，你为什么穷？穷人说，我没有钱。上帝又问，你有钱就富有了吗？穷人说，有钱我就能变成富人。

上帝送给穷人一百万英镑，让穷人去做富人。如果五年以后，他真的成为富人，还会再给他一百万英镑。

穷人拿着一百万英镑，购买了一套高级别墅、一辆奔驰轿车并雇用了司机，又去商场购买多套名牌服装，又到劳务市场雇来菲佣和厨师，养了几条名犬，真正地过起富人生活，安心地等待第二个一百万英镑的到来。

两年后，高成本的生活花光了穷人的一百万英镑，没有钱再给菲佣、厨师和司机开工资。在这些人看来，再富有的老板不给他们开工资也是穷老板，纷纷辞职不干了。没办法，穷人卖掉了别墅和奔驰车，住进五星级酒店。为了五年后的一百万英镑，他必须过着富人的生活，出入高级娱乐场所，玩着有钱人玩的东西，终日里花天酒地，醉生梦死。

弹指一挥间，穷人如五年前一样狼狈地出现在上帝面前。他向上帝忏悔道："再给我一百万英镑，我肯定会珍惜，会勤俭节约的。"

上帝笑了："我说过，五年以后你成为富人，我会再给你一百万英镑。可是你现在依然是个穷人，你让我怎么办？"

"当个富人有这么难吗？"穷人从来没有想过这个问题。

"如果你是富人，当初我给你一百万英镑，五年后你会给我一百万英镑。如果你是穷人，当初给你一百万英镑，五年后你还会向我要一百万英镑。其实上，真正的穷人比真正的富人更渴望享乐！富人享乐，是有资本享乐；穷人享乐，是透支明天享乐。"上帝说罢，拿着他的一百万英镑走了。

最可怕的是，我们就像故事里的穷人那样，既想像富人那样生活，又不想像富人那样奋斗。我们不奋斗，就不会知道自己有什么，缺什么。不知道自己缺什么的人，肯定是自负自大的。

人一旦自负，而且还在没有自负资本的时候，自负就像一块巨大的绝缘体，横在我们与未来发展趋势的面前，什么都看不到，感觉不到，以为自己什么都不缺，只要机会一到，自己便可以成为人中之龙，人中之凤。

与社会绝缘，自然不会拥有任何机会，因为机会是在社会中某一个角落出现的。从这个方面讲，自负大于等于自绝。即使未来社会中机会如雨，披着厚厚雨衣低头行走的人也不会淋湿衣服。

自负一旦与享乐结合——它们更容易结合在一起，便像鬼魂一样附在一个人身上，让一个人的灵魂变质。被享乐蒙住右眼、且灵魂变质的人，就是吸食父母血汗的魔鬼，无比的自私，无比的贪婪，成为一个不折不扣、活在明天就是世界末日的生活当中之人。

明天不是世界的末日，而是被自负、享乐蒙上双眼之人的末日。

我们都羡慕比尔·盖茨是世界最有资本享乐的人，而他自己却认为人生就是一场正在焚烧的火灾，一个人所能做的且必须去做的，就是竭尽全力要从这场火灾中抢救点什么东西出来。

尚在为五斗稻粱低三下四的我们，却高喊着要享受生活。享受生活没有错，前提是我们得懂得生活是什么。作为世界首富，比尔·盖茨尚且把生活看作火灾，挖空心思想从火灾里抢点东西出来。而我们这些崇拜他拥有巨大财富的人，面对这场熊熊燃烧的大火，用自负和享乐蒙上双眼，走进火场，结果必然被火葬。

5 只有奋力争取，才能得到

现在是“二代”倍出的时代，“官二代”、“富二代”、“星二代”纷纷粉墨登场，毫不费力地从老子手里接过名车、豪宅、财富和地位，甚至包括权力。作为“穷二代”的我们，对这种消失多年的世袭罔替现象，只能在网络上匿名呐喊和咒骂，有时候还可能被删帖。

如果我们因此向社会妥协，不再奋力争取，那么就可能再制造“穷N代”。现在我们如此狼狈，就是因为父辈对社会太客气了，导致社会对我们很不客气。

父辈们之所以客气，一方面是时代使然，另一方面是自己放弃。在他们接受的教育中，老师、父母和领导一直教导他们强的要让着弱的，多的要让着少的，大的要让着小的，小的要让着老的。总之，让是一种美德，一种风度。于是在他们成长的过程中，就有了耳熟能详的“孔融让梨”、“退避三舍”、“退一步海阔天空”的谆谆教诲。他们渐渐地习惯了以让为荣，以争为耻。即使争，也从不敢理直气壮。

他们在能参军时没有参军，能考学时没有考学，能经商的时候没有经商，坚持做善良、本分、大度的人，处处发扬风格，处处不争不抢不占，把好机会留给别人，甘愿下乡当农民，进厂当工人，蜗居于社会底层，进而演变成弱势群体，导致我们这一代想让都没的让，想争都没资格争。

现在是商品经济社会，各种竞争无处不在。一旦我们没有强烈的征服欲望和竞争意识，没有与时代死磕到底的决心和意志，就会被时代淘汰出局。如果我们在难得的机会面前还选择谦让，必然会耽误自己，殃及子孙。

我们放下刀，也成不了佛，还要面对黑洞洞的枪口。

世界已经是平的，全世界的人都有机会和我们竞争。在激烈的竞争中，让，能让出什么呢？高职位，财富，市场？到目前为止，还没听说《福布斯》富豪榜上的哪一个人，是靠让而榜上有名的。那些人，都是竞争的高手、妙手，甚至是黑手。

社会已经越来越拥挤了，每个人都需要机会，没有机会谁都不可能实现自己的梦想。这时候我们还愚昧地坚持着让，只能使自己在最需要的机会面前，错过或者路过。

美国的母亲在孩子懂事时，就培养孩子的竞争意识，用讲故事的方式提醒孩子，在一切机会面前要争，敢争，能争，会争，不争什么都不会得到。

下面这则故事，就是美国母亲经常讲给孩子的。

从前有一个特别安分守己的人，他从小就认为任何形式的争抢都是可耻的，不道德的。凡事均应该谦让，才是绅士的风度。

上学的时候，他是任何同学都能指挥的“马仔”，让他干什么就干什么，从来不会说“不”，不论他人的要求如何不合理。他的生活哲学是“宁可天下人负我，我不能负天下人”。大学毕业后，他到公司应聘时，只要看见应聘的人多便转身离去。因此，他一直找不到工作。

最后，他找到了一份在远郊看仓库的工作。因为那份工作薪水低，交通非常不便，没有人愿意去。在仓库附近的村子里，他的软弱是妇孺皆知的。村里的孩子要求他买糖果和玩具，同事强迫他买烟酒，他都一一照办。就连仓库门口的乞丐，在他值班时，都敢大摇大摆地进入仓库偷东西。他觉得那些乞丐很可怜，不忍心阻止。

尽管他是同事心目中的老好人、老实人，从不和仓库附近的居民发生矛盾，公司还是把他辞掉了。

他一直找不到女朋友，依靠政府的救济穷困潦倒地活到50岁就死了。因为他一生中没有做什么坏事，被上帝准许升入天堂。他来到天堂门口，却发现门口早已排起长队，每个人都在焦急地等候验明正身后进入。

他是后来的，自觉地站在队伍的最后。过了几天他才发现，即使在天堂的门口，那些获得进入天堂资格的人，也有很多素质低、品质差、不讲究的人。这些人为了早日进入天堂，总是厚着脸皮黑着心，以强凌弱，不讲秩序不讲规矩的插队、拥挤，甚至还大打出手。

他对这些人的行为嗤之以鼻，不屑一顾。大家既然能来到天堂门口，就都是有身份有素养的人，怎么就不能谦让一下呢？有什么好争的？他认为那样做很跌份儿，很不道德，有碍天堂观瞻。于是他老老实实地站在后面排队，不做他想。

排队的人很不自觉，好好的队伍经常乱作一团，排队的秩序每一天都被挤乱好多次。他总是被别人很强硬地挤到最后。即使队伍不乱，也经常有素质低、自私无耻的人插队。到后来，新来的人居然还恬不知耻地跟他商量，说自己有急事，求他把他的位置让给他们。他见求他的人很着急，很可怜，便把位置让出，自己回到队伍的最后。到后来，他成为天堂门口出了名的好人，好说话，一切好商量，导致不想求他的人都来求他让位置。

他实在没想到，在近在咫尺的天堂门口，他排队竟然排了几个世纪，却还排在队伍的最后。那些曾经求过他的人，都进入天堂好几回了。这些无耻的人，第一次还求他让位置，现在居然毫不客气地直接命令他了。

他对这些人的做法感到愤怒。但是愤怒归愤怒，他既不表现在脸上，更不说出来，只是在心里抱怨几句，行动上依然对别人的要求百依百顺。

有一天，一个天使到门口视察。他好几次想向天使反映自己的情况，却下不了决心，担心自己没把好人做到底遭到记恨。天使要离开时，他才壮着胆子低声问：“尊敬的天使，我已经在这里站几百年了，为什么还不能进入天堂呢？”

天使惊诧地打量着他：“你在这里站了几百年了？怎么会这样？你跟我去见上帝吧，他对什么都清楚。”天使把他带到上帝面前。还没等天使介绍他的情况，上帝就直接问他：“你就是那个在天堂门口站了几个世纪的人吧？天堂不适合你，你还是下地狱吧！”

他实在没有想到，自己善良、谦让，等待的结果却是下地狱。他对上帝的指派感到非常的失望，不顾一切地质问道：“你不总是对我们强调说，天堂是善良、仁慈的人的最终归宿吗？”

上帝说：“没错，但是天堂里的位置是有限的，你的善良和仁慈已经让你获得来到天堂门口的资格，能不能进入天堂，取决于你是否积极争取了。只有地狱的大门敞开，里面位置无限，不需要排队就可以轻松进入，那里适合你这样的人！”

现实的社会对我们来说，是一些人的天堂，也是一些人的地狱。每个人都想进入天堂，谁也不想下地狱，这怎么办？只能取决于我们是否凡事积极争取，尽最大的努力向天堂门口靠拢。进入天堂，享受里面的舒适生活，是我们积极进取、努力奋斗之后的回报，不是社会和他人的无偿馈赠。

重新回到世界首富位置的比尔·盖茨在年轻时，面对残酷竞争的社会，就已经深切地感觉到，“人的生命是一场正在猛烈燃烧的火灾，一个人所能做的，也必须去做的就是竭尽全力从这场火灾中抢出些东西来”。

试想，当大火在眼前熊熊燃烧的时候，我们站在一边无动于衷，或者观看别人奋力从火中抢救出什么宝贝，结果是什么呢？

结果不外乎两个：一是我们被大火烧死；二是我们一辈子两手

空空。

任何机会都禁不起衡量和等待。手无寸铁的我们，面对被父辈武装到牙齿的竞争对手，只有主动出击，以命相搏，才有可能进入自己理想中的天堂。如果我们经不住生活中无聊、颓废、荒唐的诱惑，凡事选择等待或谦让，只能被推进地狱。

我们可以选择做一个善良的人，但必须明白善良和软弱是不同的概念。善良的弱者只能是社会的包袱，家庭的包袱，被动地蚕食着别人创造的财富。

这种善是一种伪善。

6. 绝对的公正和公平是浮云

身为靠出卖脑力或体力维持生活的弱势群体，我们对公平公正的分配制度是异常渴求的，因为我们是被动的交易者，就像面对老鹰的兔子。

兔子跟鹰谈公平公正，结果只能有二种——气死或者累死。

在我们不该出现的地方，遇到了不该遇到的人，最理智的办法是把自己的损失降到最低，而不是谋求全身而退。我们长了一身唐僧肉，还要常到深山老林转悠，遇到妖精是必然的。一直惦记长生不老的妖精，能听我们讲公正公平吗？

社会上，有控制和分配生产资料和生活资源权力的强者，也有靠出卖脑力或体力换取生产资料和生活资源的弱者。作为社会主宰的强者，为了维护他们的权益，肯定会制定一些以维护他们利益为前提的制度，限制弱者工作和生活的行为。这种制度是否公正公平，仅仅和强者的需要有关，和弱者的感觉无关。

事实上，真正的公正和公平是人类从未实现的最高理想。只要世界上还存在着国家，国家中还存在着利益集团，集团中身怀七情六欲的人还有不同的利益需要，真正的公正和公平就是镜中月、水中花。

任何谈判的胜利都是以实力做支撑的。清朝末年，清政府成为西方列强眼中的唐僧肉，他们把军队开到中国国土，肆意烧杀掠夺，横行霸道。腐朽不堪、软弱无能的清政府在历次与西方列强谈判中，均以割地赔款、签订屈辱条约结束。

西方列强侵略中国国土，掠夺中国人的财富，最后还要中国赔偿战争损失，这公平吗？

由此可见，弱者是否得到公正与公平的待遇，取决于强者能否愿意施舍。作为弱者，我们若执著于此，纠缠于此，必然会使自己的生活和事业陷入恶性循环之中。

国与国之间如此，人与人之间也是如此。

在中国历史上，有一位家喻户晓、老少皆知的人物，他就是当时一人之下、百官之首，掌控国家的政治经济命脉，到目前为止个人财富能排入世界前十位的大贪官和珅。

无论在任人欺凌的幼年，还是权倾天下的晚年，在和珅的人生生存哲学里，就没有公平公正的概念。身处弱势时，他没有在乎别人对他的不公平不公正；身居高位时，他也没有追求过公平与公正。

和珅幼年丧母，继母乖戾异常，对他特别刻薄。少年时，父亲常保去世，家里失去经济来源，和珅为生计、为求学，不得不四处奔走告贷，饱受冷遇，形同乞丐。

十岁那年，作为八旗子弟，和珅被咸安宫官学录取。咸安宫官学虽然不收学费，但日常生活开销需要学生自己筹措。和珅已经告贷无门，不得不在管家刘全的带领下，到保定找赖五要一百两银子。

因为战功，皇帝赏赐给和珅爷爷可以世袭的十五顷地。因为常保常年在外做官，就把这十五顷地交给赖五管理。常保病逝后，和珅兄弟年幼，赖五欺负和家无人，基本不交租金。

欠债还钱是应该的，可是赖五不但不给和珅钱，还逼着他把地贱卖。刘全和赖五讲理，赖五便把他们轰出门。

刘全带着和珅到保定知府衙门告状。不料赖五收买了保定知府。升堂后，知府大人不问青红皂白，便痛斥和珅敲诈庄客，命他立刻离开，否则便把他们拘捕下狱。

和珅见知府大人不顾法理，便深鞠一躬转身离去。他接受赖五的条件贱卖了土地，筹到两年的生活费。

在官学读书期间，有一天内务府总管的儿子把教书的翰林画成细脖子大肚子螳螂形的怪物。翰林看到画后恼羞成怒，喝问是谁画的。

内务府总管的儿子和其他学生都说是和珅画的。翰林听罢不查不问，便拿起戒尺狠狠地抽打和珅的手。此时和珅不能哭喊，也不能和翰林争辩，只能忍着，否则只能遭到更严厉的罚跪或鞭笞。

这样的事，这样的冤，和珅遭受很多，但他从未和这些人讲过公平，谈过公正。因为他清楚地认识到，现在的他，只是一头生存在狼群里的羊。羊在狼群里追求公正公平的结果，只能是被群狼吞噬得连根骨头都不剩。他要想活着，要想活得更好，只有慢慢地积蓄实力，寻找机会，让自己由软弱的羊变成更凶猛更残忍的狼王。

在根本不存在公平公正的生存环境下，和珅不分昼夜，勤勉刻苦，贪婪地学习生存技能。为了少吃亏或者不吃亏，和珅充当好好先生，培养隐忍力和自控力，使自身的韧性得到深层次的锤炼，达到喜怒无形于色的境界。

在和珅的心目中，公正和公平就是一对贱货，只要他的实力达到一定程度，它们便不请自来。

从和珅的经历中，我们应该意识到——我们得不到的，都是自己不想要的，哪怕是我们羡慕已久的东西。

没有实际行动的羡慕，都是很虐心的。

我们的经济条件比父辈强很多，生活环境也比他们宽松很多，然而，我们不得不承认，我们比父辈、比几年前活得更累、更纠结。

我们之所以如此，是因为在信息空前发达的网络时代，我们不出家门，就看到了很多不公平不公正、违背人性和社会公德的事情。我们本身也是他人刀俎的鱼肉，不得不任人宰割、压榨和欺凌，不得不为别人奢华的生活埋单。

生活不能想，一想就流泪。

没有实力的愤怒和抱怨是没有任何意义的。在公平公正缺失的环境里，我们必须清醒地知道，自己通过怎样的努力才能成为什么样的人。在我们不改变自己的情况下，指望别人改变，不但难以实现，而且对自己对别人都是一种难以承受的折磨。

社会的游戏规则都是强者制定的，我们要想获得真正的公平和公正，就必须拥有与强者谈判的筹码，或者直接成为强者。

如果我们没有让自己强大起来，公正与公平永远就像挂在驴头上的胡萝卜。无论如何诅咒、呐喊和哭泣，都改变不了靠推碾子拉磨换草料的命运。

7. 忽略资格和客观条件的限制

在中国人的思维里，不论做什么，都是讲究资格和条件的，古今都是如此。

我们想做什么事，总会有人用关心的口吻质问："你有资格做吗？你具备条件吗？"如果我们不具备所谓的资格和条件，就有了癞蛤蟆想吃天鹅肉的嫌疑。

找工作，先看经验成就，没有经验成就的要看资源和资本。无论天才还是鬼才，没有这个，连尝试的机会都没有。所以，在我们的认知中，资格和条件远比能力重要，即使最终要靠能力解决问题。

事实上，很多工作并不像驾驶飞机、治病救人、科学研究等需要具备很高的技术。譬如企事业单位的行政人员、销售人员、后勤保障人员等。这些工作，只要敬业、用心、动脑，善于总结经验，就没有做不好的。

很多工作并不是我们不能做，而是没有资格做，或者没有机会做。

每个行业就是一个圈子，圈内的人总是把自己的工作形容得高深莫测，担心更多的人进入圈子，分自己一杯羹；圈外的人总是对圈内的工作充满畏惧感，习惯性地认为自己不能做，或者做不好。

步入社会，几经折腾，如果我们依然一无所成，直接原因不是我们真的一无是处，而是我们在生存面前，习惯选择做亲戚朋友从事的工作，或者走别人走过且证明没有风险的路。在父母、老师否定教育模式下，我们成长为服从、听话的人，缺少异想天开的胆量，没有勇气做第一个吃螃蟹的人。

我们最熟悉的一个人——王宝强，没有帅气的外表，没有表演科班出身的背景，没有影视圈大佬的关系和关照，却成为当下红得发紫的明星，成功塑造了很多妇孺皆知的角色。

有人会说，王宝强的成功是一个个例，是一种偶然，没有可复制性。那么，你相信一个没有上过学的女人，会成为科普类畅销书作家吗？

100 多年前，在英国就有一个这样的女人，她因为一无学历，二无能力，只好在姐姐的饭馆里做杂工，赚得的薪水勉强够糊口度日。

有一次，她听说有一个能改变别人命运的演讲家要来伦敦演讲。对自己生活状况一直不满意的她，非常想去听听。她认为，自己的命运非常有必要改变，但她却不知道怎么改变。于是，她就拿出自己大部分积蓄买了一张票，坐在前排，希望从演讲家那里找到改变命运的方法。

那是一场非常精彩的演讲，内容涉及了她从来都没有想过的很多问题——时刻都令她感到头疼的那些问题。演讲家的话深深触动了她，感染了她。她决定，演讲结束后去拜访演讲家，当面向他取经。

那个平易近人的演讲家，并没有因为她是饭店里的杂工而拒绝她，让她获得了寻找答案的勇气。

“听说现在很多出版商争相高价购买您的书稿，很多企业给你高昂的出场费，请你去演讲。能不能告诉我，你为什么会有那么多的赚钱机会？我怎样做才能像你那样，时刻都有令人羡慕的赚钱机会？”

“你没有赚钱的机会？”演讲家反问她。

“虽然我从小就知道机会很重要，但从来就没有碰见过。”她一脸的无奈和沮丧。

“你讨厌现在的工作?”

“我每天都不得不在小饭店里做职位最低、收入最少、最辛苦的工作。别说经理，就连切菜的师傅都有权利支配我做任何事情!”

“是吗? 这个工作你做多久了?”

“15年了! 我开始想攒点儿钱换个好工作。没想到，结果是有花的没攒的。这个工作，虽然我不喜欢，却也没勇气扔下。就这样，我迷迷糊糊做了15年!”

“你在饭店里什么地方工作?”

“一个在后厨摘菜的人，还能在哪里工作? 当然是坐在厨房最低的一级台阶上! 你问这个干吗?”

演讲家没有回答她的问题，而是继续问道:“工作时，你的脚放在什么地方?”

“除了地上，我还有选择吗?”她有点不解，有点愤怒。她花掉三个月的工资来见他，绝对不是来和他拉家常的。

“你的脚下是什么?”

“瓷砖铺的地面!”

这时，演讲家一本正经地说:“亲爱的女士，如果你想改变自己的命运，现在就接受我布置的一项作业。你回去后，利用业余时间仔细研究一下脚下的瓷砖，用写信的方式把研究结果告诉我。这是我的地址。”他撕下一张纸，写下地址递给她。

因为非常想改变命运，这个女人对演讲家的话毫不质疑。她认为，既然这个演讲家被世人奉若神明，那么他说的话一定有道理。于是，她每天在摘菜的时候，就关注着脚下的瓷砖。为了更多地了解瓷砖的有关知识，她利用工作之余，去各大建材市场考察，研究瓷砖的品牌数量、质量差异、受欢迎程度等问题。

渐渐地，她对瓷砖产生了浓厚的兴趣。为了作进一步研究，她还到知名的瓷砖生产厂家实地考察，了解瓷砖的生产工艺和流程，甚至包括工厂的历史。

对瓷砖接触得越多，她越觉得需要弄清楚的问题就越多。后来她就去图书馆，查阅所有和瓷砖有关的资料，给这方面的专家写信请教。

通过查阅资料，请教专家，她了解到，当时的英国，已经能生产 120 多种瓷砖。她还发现，由于几百万年前气候的变化、地壳变迁，各地形成不同性质的黏土，适合烧制不同类型的瓷砖等。

这时候，她已经忘记了自己是餐馆里的杂工。她把工作以外的时间和精力，全部投入到对瓷砖的研究当中去。研究瓷砖，已经成为她生活中的重要组成部分。

一年后，她给演讲家写了一封长达 36 页的信，详细地介绍了瓷砖产、销、用的常识。出乎她意料的是，不久她就收到了演讲家的回信、刊登这封信的样刊以及丰厚的稿费。原来，演讲家把她的研究成果，推荐给一家瓷砖杂志发表。

她实在没想到，原来认为她没资格、没条件做的事，自己认真去做了，竟会变得如此简单。

一个人可以成为任何方面的专家，只要他想做、非常投入地做。

现在她又矛盾了，不知道自己应该继续在厨房里工作，还是应该继续研究瓷砖。演讲家又给她布置了一个任务——看看瓷砖下面的蚂蚁。

这次，她先去了图书馆，查阅了很多关于蚂蚁的资料。她又没有想到，世界上的蚂蚁，居然有上万种之多，形体各异，大小不同，生活习性迥然。

小小的蚂蚁，又引起她极大的兴趣。她再一次把自己所有的业余时间，全部用在查阅蚂蚁资料、观察蚂蚁生活习性上。最后，她还养了很多不同种类的蚂蚁，一边观察，一边研究。

两年后，她已经写下几十万字的蚂蚁观察笔记，从瓷砖专家变成蚂蚁专家。她把研究笔记整理成书稿，寄给演讲家。

演讲家把她的书稿推荐给科普类出版公司出版发行，成为当年科普类畅销书。

从此，她辞掉小饭店工作，专门从事科普读物的写作。几年后，她成为英国家喻户晓的科普类读物专职作家。

从这个女人的故事里，我们应该意识到：我们习惯性地认为只有具备了某些条件才有资格去做某些事，这是一个误解。条件和资格都是别人设置的，跟我们无关。本事和能力，不是我们与生俱来的，也不是我们在学校里获得的。它们是我们在探索、研究、实践中获得的，不是别人免费赠送的。

一些工作，只要我们认真去做了，就会发现，它并没有我们想象的那么难。

一些工作，只要我们没有去做，或者还没有做成，别人就有否定我们的权利。否定，不管是善意的还是恶意的，只要我们在乎，就会成为埋葬我们事业的坟墓。想做不敢做，却被别人不负任何责任的评论埋葬，是悲剧，更是悲哀。

一群农民、苦力，被逼无奈起义造反，打赢了一场场震惊世界的战役，最后都成为杰出的军事家。由此看来，资格和条件，都是一批人用来限制另一批人的。如果我们接受了，恐惧了，它就成为我们复制父辈悲惨命运的理由。

想做一件事，只要开始就不算晚，无论我们是初中毕业生，还是博士生导师。

8. 人生永远不设限

作为繁华世界的看客，在拼爹时代节节败退的我们，是选择继续站着围观别人的精彩，还是应该坐下来冷静地思考自己的方向呢?

虽然说“父债子还”在法律上已经成为过去时，但是以家族集团合力战斗的当下，父辈们向社会的妥协，却成为我们不得不偿还的“高利贷”。为此，我们哭天抢地也好，鬼哭狼嚎也罢，残酷的事实就在那里，无论我们对其有多憎恨。

这就是社会，这就是江湖。这就是江湖式的社会，这就是社会式的江湖。只要我们活着，无论我们爱与不爱，它就在那里，从未改变。

既然我们早已厌倦了父辈的生活，就应该认真分析父辈在生活选择上的失误或错误，从而避免自己重蹈覆辙。思考对我们这代人来说，是一件痛苦的事情。因为我们的教育是，凡事都有既定的标准答案，非此即彼，否则就是错误。从未有人教授我们思考——正确地思考。不管我们是什么动物，都必须像猪那样活着。我们活着的唯一价值，就是成为某些人过年餐桌上那道菜。

我们父辈的生活——生活固化、工作定型、圈子难变、激情不再、按部就班、老气横秋，逆来顺受；对自己不熟悉的人和事，都持有怀疑或否定的态度；生活安全第一，工作稳定第一，交际面子第一。

父辈为了保证他们的几个第一，便把我们圈养。尽管他们活得已经很失败，却把他们的价值观植入我们的骨髓，使我们失去几分野性，多了几分奴性。

我们高考报考专业时，听从了父母或老师的选择。大学毕业后，因为父辈的能量耗尽，在生存压力下，在各种条件的限制下，我们往往选择彻底地阉割自己，被动地接受了人民币的诱惑。

总之，为了一份安全，一份稳定，我们当中的很多人也没有做自己喜欢的事，没有和自己喜欢的人在一起，而是选择了复制别人的生活。无论我们是不是关羽，都必须过五关——上班、赚钱、买房、结婚、生子。在什么价格都涨、唯独工资不涨的时代，为了顺利地逾越这五关，我们不得不学会妥协、放弃、接受和改变。

尽管我们无比厌恶父辈的生活模式，在二十几岁时却依然穿上了父辈的马甲，让生活中的一切，均在掌控之下、意料之中。于是，我们在无聊、无奈、无趣中看到了60岁的自己。

都说光脚不怕穿鞋的，可是我们裸奔于社会，却活得提心吊胆。这是因为毕业后，我们在感谢学生时代室友不杀之恩的同时，却在不知不觉中中了社会的“铊毒”，失去了进取心，失去了奋斗的锐气。

五斗稻粱，不足以改变我们猪的命运。无论我们选择苟活，还是像狗一样活，都是社会舞台下面需要买票进场的观众，而不是台上赚巨额出场费的主角。

我们总说自己倒霉，其实是活该。

我们要想成为社会舞台上的主角，就必须立即脱下父辈的马甲，穿上自己的战袍，去做自己想做而一直不敢做的事。

别想失败怎么办，我们已经活得很失败；别说冒险会让我们陷入动荡之中，事实上我们从未真正的获得安全和稳定。别人已经把我们赶入不毛之地，我们又何必自动戴上手铐呢？

人生可以不设限，谁也没有注定要成为什么样的人。

波士顿啤酒公司创始人吉姆·科克，用行动为我们诠释了挑战自己，重塑自己的必要性和重要性。

吉姆·科克的曾祖父、祖父、父亲都以酿酒为生，尽管他们吃苦耐劳，全力付出，但微薄的收入还是勉强供全家人糊口。父亲认为，酿酒师是世界上最没有前途的工作，他不想让吉姆·科克再续演几代人的生活悲剧。

在父亲的规划下，吉姆·科克以优异的成绩考入哈佛大学，学习当时就业前景最好的法律和商务两个专业。

读研二时，吉姆·科克突然意识到，他的人生经历犹如一张白纸，从小到大，除了上学读书，没有接触过任何领域，这在美国年轻人之中绝对属于另类，就业前景堪忧。

24 岁时，尚未完成学业的吉姆·科克决定休学到社会上闯荡，遭到了父母的强烈反对。但是，他坚持认为自己不能等到 65 岁再追求梦想，必须马上开始为之奋斗。

吉姆·科克在科罗拉多州找到一份野外拓展训练教练的工作。这份工作，虽然与他所学专业风马牛不相及，他却觉得非常适合自己。

他说："我从不后悔花时间发现自我。一个人能从生命中抽出一些时间审视自己要走的路，他的生活必将别有一番滋味。否则，我们只能被别人的意见左右。"

在三年多的时间里，吉姆·科克徒手征服数十座山峰后，他的内心渐渐强大，解决意识异常强烈，自信自己能胜任任何工作。他辞掉了教练工作，重返哈佛完成学业。

毕业后，吉姆·科克顺利地在波士顿咨询公司获得一份高薪工作。那是一家世界知名智囊机构，年轻人能在那里上班，意味着他有能力、有身份、有资本、有地位、有前途。

在波士顿咨询公司工作 5 年后，吉姆·科克又开始质疑自己的选择：难道这就是自己要干到 60 岁的工作？

其实，这么多年来，在吉姆·科克内心深处，一直有一个挥之不去的梦想——让美国人喝上美国人酿造的上等啤酒。因为到现在为止，美国人都在花高价喝着劣质的外国啤酒。

应该为自己的梦想奋斗了！吉姆·科克果敢地辞掉高薪工作，准备回家做一名酿酒师。当他把自己的决定告诉父亲时，父亲却说，这是他听到的最愚蠢的决定。

尽管父亲强烈反对，但吉姆·科克依然坚持自己的选择。他认为，酿造出最好的啤酒，才是他最想做的事。他再也不能因为充当别人的赚钱工具而放弃自己真正想做的事。

见儿子如此坚持，父亲放弃了他的偏见，出资 4 万美元资助儿子开办波士顿啤酒公司。在父亲和朋友的帮助下，吉姆·科克开始步入实现梦想的征途。他说，那种感觉好极了，就像攀岩一样，自由、兴奋而又令人紧张。

为了酿出与众不同的啤酒，吉姆·科克选择了与众不同的酿酒方式——手工酿制的高酒精含量的啤酒，并为其取一个醒目而又高雅的名字：塞缪尔·亚当斯啤酒。

吉姆·科克的啤酒不但价格贵，而且还没有知名度，很多经销商拒绝销售。于是他带着自己的啤酒，亲自到各个酒吧向客人推销。

他一边给客人讲述自己的故事，一边请他们品尝自己纯手工酿造的高度啤酒。他的高度啤酒的口感确实与众不同，客人们给出了很高的评价。

六个星期后，在全美啤酒节上，塞缪尔·亚当斯啤酒一举获得最高奖。从此，这种世界上最昂贵的啤酒，走进了美国千家万户。吉姆·科克把他埋藏在心底的梦想变成了现实，并做到极致，也使他步入美国亿万富豪之列。

请不要轻易说吉姆·科克的成功是不可复制的个案。他义无反顾辞掉的工作，薪水要比我们高出很多。也许我们的能力、资源、胆识有限，下辈子也做不出吉姆·科克的事业，但这绝对不能成为我们屈服生活的理由。在否定中长大的我们，真的不了解自己，更不知道自己能做出什么。

如果我们确定现在的生活不是自己想要的，那么就在午夜时分，坐下来和内心深处的自己谈谈，尝试着做一次改变。

在新浪微博上，有一句出租车司机的话，引起广大博友源自内心的震撼：我唯一的生活，就是在一条别人帮我决定的拥堵的路上，等待自己生命一点点的流失，换取这一点点我都不知道有没有意义的前行。

这位出租车司机，用一句话高度概括了我们当下悲壮的生活。

如果我们已经看到了自己 60 岁的样子，并对那个样子不满意、不满足，就试着做自己一直惦记的事。那样，即使我们可能一无所获，但最起码活着快乐，死时无憾。

9. 控制自己，就是控制未来

这个世界很精彩。它的精彩在于，总有一些高智商的人为我们制造好玩的东西，譬如苹果教父乔布斯临死前推出的 iphone 系列手机。在欧美国家这种手机属于奢侈品，就是因为它款式时尚，功能强大，档次高，好玩的东西多，在中国就沦为街机了。甚至有的年轻人，没钱卖肾都要买。在外面，我们若是没有 iphone 系列手机，都不好意接打电话。

我们为什么宁可不吃不喝也要买 iphone 系列手机呢？就是因为它不但能帮助我们打发无聊的时间，还能占用我们工作的时间。

欧美国家的年轻人坐地铁，人手一本书，贪婪地阅读；我国的年轻人坐地铁，人手一部 iphone 系列手机，专注地玩游戏、刷微博或看八卦新闻。

记得有一位记者采访一个年轻女孩，问手机流量消费的问题。女孩自豪地说，一个月要使用一千多兆流量。记者又问多少流量能够用，女孩说多多益善，多少流量也不够用。

我们只羡慕女明星们大胸小蛮腰，却从不想在我们胡吃海塞的时候，她们在健身房挥洒汗水。

我们只认为富翁的钱都来路不明，却从不去想过他们创业伊始时，承受多大压力冒多大的风险，更没有想过他们如何挖空心思地寻找赚钱的商机。

我们只看到海归博士回国后便能轻松找到年薪百万的工作，却从不去想过他读的书比我们见的书还多。

我们在无权无钱的时候，最怕别人说我们无知。谁说我们无知，我们就会据理力争。即使嘴上不说，我们在心里也会恨他一辈子，认为这个人即便啥都不缺，也可能缺德。

不是社会多刻薄，而是我们很傻很天真。本身我们就是四肢不全，再不严格要求自己，而是选择放弃、放纵、放任自流，无论前方如何，只顾愉悦身心，我们不沦落社会底层任人宰割，好像都没有天理了。

没有人甘愿停留在社会最底层，把自己的命运交给别人摆布。然而我们的很多选择，注定我们会成为普通、平庸的人。简单的衣食住行，就能迫使我们不断地奔波劳碌，成为受累又难赚到钱的人。

人生是一步错，步步错。在努力完善自己的时候我们错了，也许就需要我们用一生的时间去挽回被动局面，也未必能挽回。百米赛跑，起跑的时候被落下一步，追到终点也未必能追上。

社会的可怕之处，不在于我们多傻多天真，而是在于比我们更聪明、更智慧、更有资本的人，还比我们更勤奋更努力。

精明人有了钱不可怕，可怕的是他们有了钱之后为我们制造了很多诱惑，使我们迷恋那些诱惑的同时，忘了自己该做什么，最终成为精明人赚钱发财的垫脚石。

制造电子游戏的商人，知道年轻人玩游戏会耽误学习，但是他为了让更多的年轻人玩他的游戏，便会利用年轻人自控能力差的特点，把游戏设计得令人痴迷，让玩游戏的人欲罢不能。

我们如果不知道控制自己的行为，就得一辈子或者几辈子为自己曾经的失控埋单。

英国女首相、人称“铁娘子”的撒切尔夫人是众所周知的人物。看到她在国际政治舞台上把个人能力、魅力施展得淋漓尽致时，我们会觉得自己无法企及。我们永远成不了首相，更不会像她那样对什么问题都能掌控得潇洒自如。

撒切尔夫人名叫玛格丽特·希尔达·罗伯茨，出生在英国北部的小城市——格兰瑟姆，父亲是一个小杂货店店主。由于家境贫困，撒切尔夫人和普通人家的孩子一样，没有任何特殊的背景，更没有得天独厚的发展机遇，一切都要靠自己奋斗。父亲能给她的就是严格的要求，要求她时刻要控制自己的一切，不能随波逐流。

玛格丽特六岁时，她身边有好多与她同样的小伙伴，那些孩子就不像她那样严格要求自己，什么事情应该做，什么事情不应该做。伙伴们每天都是无忧无虑地在外面玩耍，做各种游戏，而她却不能。她必须帮助家里做那些永远也做不完的事，即使是星期天，她也要和父母去教堂做礼拜。

有一次她做完礼拜回家，在路上遇到和她一样大的孩子，他们兴高采烈地做着游戏。那是什么游戏呢？她感到很有趣，但是她却不知道名字。看到小伙伴们高兴的样子，她羡慕极了，但是她更知道，父亲是不允许自己做这样的游戏的。

伙伴们玩的游戏深深地吸引和感染了她，她非常渴望自己也能像那些孩子那样，尽情地奔跑，尽情地玩耍，忘掉一切不顾一切地玩。她也是孩子，和别的孩子一样，渴望自由，渴望游戏，渴望和小伙伴们一样无拘无束。

在生活中，她却像个小大人一样，做什么都得有板有眼，必须跟随着父亲参加各种成人的社交活动，像成人那样思考和判断人和事。这些让她感觉不到一点快乐，她不想和同龄伙伴们过着迥然不同的生活。

父亲严格的要求让她失去很多本属于自己的快乐，她感到委屈，于是就去质问父亲，她为什么不能像那些孩子那样去玩耍，而是像成人一样做这个做那个。

父亲说，正是因为你和他们一样，如果你想20岁优秀，30岁出众，40岁卓越，50岁杰出，就必须先他们一步做准备，你准备得越充分，与他们的距离就会越大。这个世界上有很多诱惑，所以你必须学会控制自己的欲望和行为。你做事情必须有自己的主见，知道自己现在应该做什么不应该做什么。成功难，不成功会更难。不能因为你的朋友在做某件事情，你也去做或者想去做。不要因为怕与众不同而随波逐流，大家都在做的事情，对他们的一生来说，未必是有益的。

聪明的玛格丽特听了父亲的话，顿时感到豁然开朗。从那以后，她更加严格地要求自己的行为。她知道，并不是多数人在做的，就一定是自己应该做的，自己应该有自己的主见和取舍能力，只有这样，自己才会拥有比同龄人更成熟的个性和更加出众的能力。

无法控制自己的人，最终就得被别人控制。

作为穷二代的我们，步入社会伊始阶段，就是我们能否把黄铜冶炼成黄金的重要阶段。这段时间内，如果我们把握不好火候，黄铜不但变不成黄金，还极有可能变成黄色的土坷垃。

社会上的事情，远比我们想象的要复杂得多。我们看上去似乎什么都懂，其实什么都不懂；我们迫切地渴望得到别人的关注，又没有让别人关注的资本；我们觉得做什么都很简单，其实什么事对自己都不简单。

贫困的成长环境，接近扭曲的心理，很可能导致我们极度自负又极度自卑，极度个性又极度从众，极度勇敢又极度害怕承担责任……总之，我们就是一个矛盾体，不是在这个极端就是在那个极端。

我们非常渴望富有，渴望成功，但我们却不知道从哪里入手。我们总认为自己还年轻，有资本犯各种错误，有大把的时间供自己挥霍。别人做的事自己要做，别人没做的事自己也要做，但是就是不知道自己为什么要那样做。

经过家庭和父母多年的圈养，造就我们表面上的特立独行和心理上的绝对从众，不知道自己真正想要什么，也不知道自己在现在应该做什么，盲目盲从，让我们在社会这台冶炼炉旁，忘记了最应该做的就是把黄铜冶炼成黄金这唯一应该做的事情。

把黄铜炼成黄金，最关键的几点是：

1. 明白自己是在把黄铜炼成黄金；

2. 在黄铜里加入什么原料才能引发它起化学反应，最后变成黄金；

3. 不能因为别人的需要而离开炼金炉，时刻准确地把握住火候；

4. 耐得住寂寞和孤独，把注意力只放在得到金子上，不受其他诱惑的干扰。

只有这样做，才有可能把黄铜炼成黄金。

总之，我们认为大多数人做的事情才是正确的，自己不那样做就会吃亏，就会落人之后。事实上并不是这样，我们每一个人都是独一无二的。别人可以让他这块黄铜变成土坷垃，而我们要的是黄金。

第二章

少问社会为什么，多问自己有什么

总会有一天，你会明白命运为什么是这样。

总会有一天，你会感激现在拼命的自己。

总会有一天，你会发现自己竟然如此强大。

千万别向社会哭诉，社会根本不知道你是谁，更不会在乎你是谁。

1. 这个世界不会在乎你的自尊

来自社会底层的我们，虽然自尊心非常强，内心却非常脆弱，有点像瓷器。特别初入社会，虽无成就，却强烈渴望社会其他成员能给予我们最起码的尊重。

在残酷的现实社会中，不能不说这是一种单相思。如果不符合对方理想中的恋人标准，我们爱得越深，越会遭到对方的鄙夷。我们要想获得对方的眷顾，达到对方的标准才是最应该做的事。

身处弱势、身无长物的我们，特别希望每个社会成员对我们有同情心，凡事要照顾到我们的自尊心。事实上，这个世界不会在乎我们的自尊，无论我们的自尊心有多强。

有人说，要想获得别人的尊重，就得有自尊，但仅有强烈的自尊还远远不够。自己尊重自己很容易，要想获得别人的尊重就不是那么简单了。

我们要想获得别人的尊重，就得有值得别人尊重的资本——我们必须是这个社会需要的人，而不是这个社会发展的拖累。

自从这个星球有了国家，国家就有了发达与落后、文明与愚昧之分，国民就有了高贵与卑贱、贫穷与富有之分。

我们只要选择活着，就得面对这种差距。这个差距能改变，但不是每个人都能改变。

我们都渴望生活在发达、文明的国度，身份高贵、家庭富有。

遗憾的是，我们对此没有选择的权利。当我们跨越了生命之门，这一切都已成事实。

我们是群居的、有感知的高级社会动物。没有人能脱离一个国家、集体而独立存在。作为社会成员，获得身边的人的尊重与肯定，是一个人起码的心理渴求。

我们有这种需要，别人却没有义务满足我们这种需要。我们存在与否，只要不影响别人的利益，别人就有权利对我们视若无睹。

很多人都是势利的，他们没有时间和心情去关注与自己无关的人，除非这个人能给他们带来实实在在的利益。

初入社会的我们，暂时还是社会中的弱者。即使我们的父亲权倾天下，富可敌国，别人可能会给予我们足够的尊重，事实上他们是在尊重某某的儿子，而不是我们。脱离了父亲，我们和其他草根一样，不值得他们正视。

我们越想通过父辈或者家庭来获得别人的尊重，别人越是对我们嗤之以鼻。父辈不是我们，在社会上只代表他们自己，我们同样也代表不了他们。

人看人的方式有两种，一种是仰视，一种是鄙视。仰视是用来看社会地位比自己高、权力比自己大、财富比自己多的人；鄙视是用来看社会地位比自己低、权力比自己小、财富比自己少的人。

这是人性的弱点，是不应该存在的，但是这个世界上不应该发生的事情太多了，也都发生了。有时候人连同类的生命都可以轻易剥夺，为什么一定要尊重不如自己的人呢?

巴菲特是不怕别人说他穷的。尽管他不怕，但也没人敢说，因为说他穷的人，任何人都会认为他精神不正常。

穷人的确没钱，但是最怕我们说他穷，说他无能。穷人认为我们这样说他，是对他的侮辱，是不顾及他的自尊和感受。如果我们说穷人有钱，穷人也认为那是讽刺，是挖苦，是他难以承受的一种打击。

看来我们对穷人只能什么都不说。如果我们比穷人富有，而且对他什么都不说，穷人也会认为我们不愿搭理他，冷落他，他心里也未必能好受。

事实上，作为社会中的一员，不论贫穷还是富有，彼此都应该相互尊重。但是，我们要想获得别人的尊重，总得有让别人感觉应该给予我们尊重的理由吧？

我们在门口遇到一个乞丐，第一个月可能会毫不犹豫地同情他，可怜他，会给予他帮助。谁都有倒霉的时候，说不定哪天我们也会像他一样，需要别人的帮助。

如果第二月这个乞丐依然来到我们门前，我们仍然能尽自己所能帮助他。翻身是需要时间的，任何改变都有一个过程。

如果这个乞丐三个月、半年、一年、甚至是三年，一直出现在我们的家门口，我们还会同情他吗？乞讨成为他的职业，不劳而获成为他的习惯，我们再给予他施舍和同情，结果是什么呢？

上帝让我们来到这个世界时，并没有对我们做出任何安排。因为他知道，即使他再万能，也不会把所有人都安排得心满意足。

上帝不安排我们，是为了让我们安排自己。社会上有很多位置，我们都可以获得。即使我们渴望的位置已经被别人占据，我们依然可以取代。

这个世界属于人类的一切，没有永恒的。如果有的话，那就是改变。我们不改变自己，就得被别人改变。当然也包括别人对我们的看法和评价。

别人选择用什么词语形容我们，用什么态度对待我们，取决于我们，而不是他们。

2. 每个人都有自己的选择标准

美国《探询者》杂志为了做一次关于人性的调查，邀请一位略有名气的女模特配合，在一条车流量非常大的马路旁进行一次精心设计的试验。

这位女模特名叫萨莉·马林斯，22 岁，身材高挑，相貌出众，性感十足，魅力无限。杂志社的编辑让她扮演社会中五种不同的女人，在同一地点手举写着“停车”的牌子，等候救援，以验证开车的男人对不同女性同样要求的反应。

第一次，她梳着披肩长发，戴着眼镜，穿职业装，以公司女性白领的模样站在那里，焦急地向过往的车辆摇着手里的牌子，杂志社的编辑在暗处统计时间。在 90 秒内，70 辆各种不同的汽车从萨莉·马林斯身边驶过，但只有一辆卡车停下来，询问她需要什么样的帮助。

第二次，她穿上孕妇装，把肚子垫得高高的，吃力地摇着牌子。150 秒内，有 150 辆车经过她身边。无论她怎样哀求和呼喊，没有一辆车停下来。

第三次，她装扮成一个上年纪的老太太，戴上灰白的假发，驼着背，弓着腰，哆哆嗦嗦地站在那里，还不停地咳嗽。五分钟内有 200 多辆汽车驶过，只有一辆车停下来。

第四次，她伴成一个新潮的朋克族，戴上爆炸式的彩色假发、遮住半个脸的大墨镜，上身穿大花衬衫，下身穿有几个窟窿的牛仔裤，一副嬉皮士打扮，翘着脚，耸着肩膀，吹着口哨，拿着牌子冲着开过来的车辆有一下没一下地摇着。结果在 15 分钟内，有 370 辆轿车、摩托车、货车开过去，竟没有一辆车停下来，有的车还加了速。

第五次，她露出本来面貌，一头金色的长碎披肩发，穿上露大半个巨乳的粉色小背心，白皙紧凑的小腰如握，再配上一条紧裹着浑圆屁股的超短裙，显得那两条笔直、圆润、娇嫩的大腿超乎寻常的长。她妩媚地站在路边，时不时地扭着浑圆的小屁股！还没等她把牌子举起来，就有两辆车在她身边停下来，两个司机殷勤地表示愿意为她免费效劳。

这是一次随机不记名的实验，证明每个人在不同人的同等需要面前，会有着截然不同的反应。这次实验，可以说很真实地折射出人性的几个方面。如果把这个故事放在网站的论坛上，意见肯定会压倒性的一致。很多人都会抨击、批评那些从吃力的孕妇、年迈的老太太身边经过但视而不见无动于衷的人，也会辱骂那两个见到性感小妞便大献殷勤的贱人。在网络上，这类代表正义、正直、善良的人，数不胜数，但那只是在匿名的网络上，大义凛然的代价也不过是敲几下键盘而已。做正人君子和卑鄙小人，都不需要付出任何代价。这也是杂志社选择在生活中而没有选择在网络上调查的原因。

说和做，永远是两码事。现实生活永远都是赤裸残酷的。我们每个人都具有阳光和阴暗的两面性，无所谓伟大和渺小。我们期待所遇到的人都是好人，或者把所遇到的人都当成坏人，都是在犯同样的错误。很多人在不同的场合下，都会选择认为最利己的角色；也会为了更好的获得，去扮演不同的角色。

杂志社的编辑对此次实验做了总结性的概括，大致有以下几个方面：

1. 对高高在上的强势人群，人们习惯采取敬而远之的态度。

2. 每人都不希望别人成为自己的麻烦，或自找麻烦。

3. 对特例独行的人，普通人难以接受。

4. 能给自己带来愉悦和快乐的人，很多人愿意接触。

5. 在生活中，你扮演的角色不同，被人接受的程度也会不同。

6. 别人都有可能会用你最不愿意接受的态度对待你。

我们在社会上行走，极有可能是萨莉·马林斯扮演的五个角色中的其中一个，或是让人感觉无法靠近，或是成为别人急于甩掉的负担和包袱，或是最受别人欢迎的人。别人如何对待我们，取决于我们扮演的角色。不要指望别人应该做什么样的选择，那是别人的事。

在生活中，我们处于强势还是弱势呢？如果有幸处于强势，也应该放下自己的身段，为人处世低调一些，不要让人感觉无法靠近。每个人容忍度都是有限的，没有人希望别人对自己指手画脚，强迫自己做有悖自己真实需要的选择。这样，我们会把朋友变成对手，把对手变成敌人。由朋友演化而成的对手，更容易抓住我们致命的弱点。

不论我们现在的境况如何，都尽量把遇到的每个人当作朋友，把对手看成共同繁荣一个行业一个市场的队友。只有彼此相互帮助相互提携，路才会越走越宽，钱越赚越多。

假如我们不幸成为弱者，那么首先就别指望遇到的人都是好人，都是应该无偿帮助我们的人。如果世界上的人，都是我们心目中的标准好人，这个社会就永远不会有矛盾，有歧视，永远不会有冷漠与荒芜、猜疑与嫉妒。

社会上总有形形色色的人，素质低下觉悟不高还是占大多数。凡是事业成功的人，在他们处于弱势的时候，不仅仅善于和他们志同道合的人相处，更能和他们讨厌、憎恶的人相处，而且处得比朋友还要好。这不涉及人品的问题，而是一个人成长和发展的客观需要。我们要想有所成就，就必须学会和我们讨厌的人、憎恶的人和平相处，甚至从他们身上学到我们需要的知识和经验。

我们作为社会中的弱者，往往是自尊心极强而又极度自卑，担心别人瞧不起，害怕别人不把自己当人。别人无意间的一言一行，我们总觉得有所指，还把这些沉甸甸地压在心里。如果得不到宣泄和解脱，我们还会产生过激的行为。

别人瞧不起我们，那是因为我们还不具备别人瞧得起的资本！要想改变别人对我们的看法和定位，只有我们做得比他们好，取得他们无法取得的成绩，用自己的实力去折服他们。要记住，实力和能力，永远都是我们行走世界的万能通行证。在靠实力说话的社会里，只有具备相当强大的能力和实力，我们才能在一个行业里具有话语权和选择权。到那时，我们根本不需要别人的肯定，也不会在乎别人的否定。

比尔·盖茨永远不会在乎别人说他是一个穷人，哪怕他吃饭的时候真的身无分文。

身为弱者，别人以什么样的态度对待我们并不重要，重要的是我们以什么样的态度对待别人。别人具备的东西我们不具备，不要嫉妒；对别人用三天就能轻松做成、我们用三十年也未必实现的事情，别说不公平。

在这个世界上，公平于我们而言，是相对的而不是绝对的。所以，我们想活着，或者想活得好，唯一的办法就是主动去适应社会，适应我们身边的人，适应很多不公平的事。

当然，在这个阶段，我们一定知道自己处于什么位置，要到什么位置上去。在这个过程中，我们需要通过什么样的牺牲达到什么目的，一定要清楚。

所以，不论我们现在如何，都不要因为别人的选择利己而乐观，也不要因为别人的选择损己而悲观。人性里有善也有恶，还有更多的是不好不坏、或者可以随时改变属性的东西，我们应该学习泰然面对，做最好的自己。

因为心有所向，所以我们不仅要学习别人的优点，还要包容别人的种种不完美，以此更好地保护自己。我们只有在尊重别人种种选择之后，才会更洒脱地面对那些乏味的人和无聊的事，然后让内心取得平衡，把自己最应该做的事情做到完美。

3. 接受自己所在的时代和社会

接受自己所在的时代和社会，似乎不是话题的话题，值得放在这里探讨吗？当然值得。因为我们经常在网络上或者生活中抱怨自己所在的时代和社会。抱怨就意味着厌倦或者憎恨，当然就无法谈到爱我们所在的时代和社会了。

我们之所以厌恶这个时代和社会，因为感觉它不公平。这个时代为社会制造了各种各样的潜规则、无规则游戏，把简单的事情复杂化，让涉世不深的我们大伤脑筋。发生在眼前的很多事情，我们看不懂，读不透。在学校读书时，我们曾经笃信不疑的东西，似乎全被否定。我们花大把金钱、时间和精力研读的专业知识，到头来也是百无一用。

在这个时代，我们走进社会，就会发现社会上早已经画好了一个个圈子，每个圈子都是壁垒森严，想成为圈子里的成员，好难好难，特别是拥有巨大利益的圈子。

尽管如此，我们也不能恨这个时代和社会，原因有二，也很简单：

1. 只要活着，我们就脱离不了这个时代和社会；

2. 这是属于我们的时代和社会，就像我们的父母和家庭一样。我们即使不爱，也只能接受，别无选择。

我们接受这个时代和社会，必须要知道这个社会和时代的特点。

那么，现在我们所在的社会，所处的时代的特点是什么呢？

最明显的特点是，这个时代呈现出前所未有的平面化、一体化，地域、国界、种族、民族的界线都在淡化。随着人口的增多，知识更新速度不断加快，科技迅速发展，个人接受教育程度加深，消费者对服务质量要求越来越高，进而导致这个时代和社会在一定区域内的竞争空前惨烈。

只要我们步入社会，就会强烈地感觉到，这个时代、这个社会的每一个角落都充满各种各样的竞争，每个人都在和我们竞争，而且还不是同一级别的对手和我们竞争。我们往往要面对实力、财力、势力均远远高于我们的对手。

这个世界虽然是平的，但这个社会却没有公平可言。任何竞争，看似平等，其实都是在不平等的情况下进行的。因为我们以合力，而不是体力或智力进行竞争。

举个例子，同一所大学毕业的甲和乙。甲的父母是跨国公司的老总，乙的父母是贫困地区的农民，两个人同在一个城市发展，谁的成功会来得更早更容易一些呢？别以为富家孩子都是纨绔子弟，成功的父母更知道如何科学地培养自己孩子的竞争力。穷人家孩子的人格、性格方面存在缺欠的比比皆是。

甲，在城市里衣食无忧，有父母提供的财力支持，有父母建构的雄厚人脉关系，进可以创业，退可进大公司上班。只要他有理想有抱负，一切问题在他的面前都会很简单，他的飞黄腾达来得很快很早。

乙，在城市里除了一张证明自己受过高等教育的文凭以外什么都没有，一切都要从零开始。他出卖脑力赚来的钱，要支付城市里高昂的生活费用，还得拿出一部分补贴贫困的父母。人脉存折从零开始积蓄，经验要靠时间去积累。他辛辛苦苦奋斗十年，也未必能拥有甲毕业时的社会资源和财力。

在我们接触这个时代和社会时，就应该认识到，在和平年代，社会财富掌控在少数人甚至是几大家族手里。他们依靠财富的力量，随心所欲地制定各种游戏规则。我们在这个时代和社会上追求财富，在他们眼里就犹如蚂蚁搬运食物一样。他们可以像对待蚂蚁一样对待我们。

如果把时代和社会比作棋盘，我们大多数人都是这个棋盘上的棋子，总是被有形或者无形的手操控着。下棋的人把我们摆在什么位置，我们就有什么力量或者什么下场。

所以，我们从贫穷到富有、从弱小到强大，绝对是一个在夹缝中求发展的过程。就像一粒树种，要想成为一棵参天大树，就得经历一次次干旱、狂风、冰雹、虫噬、刀削、斧伐等灾难。任何一次灾难都没有预知，都没有为什么。

万能的上帝把我们派到这个社会上来，就是因为社会还不完美，时代尚需进步。我们要想实现自己的梦想，就得担负起属于自己的社会责任。能力越大，担负的社会责任也越大。

我们不论强弱、穷富，都是这个时代和社会中的一员，都承担着社会与时代赋予我们的使命。我们在接受自己所在时代和社会的同时，先完善、壮大自己，再去完善这个时代和社会，并在此过程中，使自己获得成功。

我们唯有在某一方面获得成功，才能获得改变时代和社会的力量。

我们都是时代和社会的产物。我们成功与否，和我们认识、接受、适应程度息息相关，同时我们又受时代和社会的制约，反过来又影响着时代和社会。

认识到这一点，对我们个人发展非常重要。我们要把成败得失看得淡一些，不再和自己在乎不起的人和事较真较劲。看淡和忽略，并不意味着作为弱者的我们就认命。而是我们已经意识到，在这个时代和社会，一切靠命运安排和一切靠自己努力，都是不切合实际的。

21 世纪是充满激烈竞争和挑战的世纪，我们每个人必将面临很多挫折、困难和失败。我们不要把失败和挫折当作是一种惩罚，而要把它当作是很好的学习、成长的机会。

我们遭遇失败，是因为我们要成功；我们遭遇痛苦，是因为我们要成长。

比尔·盖茨在哈佛大学演讲中，曾经就时代和社会的问题，给年轻人提出一个忠告，他说：

“同这个时代的期望一样，我也要向今天各位即将毕业的同学提出一个忠告：你们要选择一个问题，一个复杂的问题，一个有关于人类深刻的不平等的问题，然后你们要变成这个问题的专家。如果你们能够使得这个问题成为你们职业的核心，那么你们就会非常杰出。但是，你们不必一定要去做那些大事。每个星期只用几个小时，你就可以通过互联网得到信息，找到志同道合的朋友，发现困难所在，找到解决它们的途径。”

“不要让这个世界的复杂性阻碍你前进。要成为一个行动主义者。将解决人类的不平等视为己任。它将成为你生命中最重要的经历之一。”

弱势、贫困、孤立无援的人，是社会的大多数，我们只是其中的亿万分之一。我们应该庆幸的是，我们还有机会在这里抱怨。

因此，我们不但要接受这个时代和社会，还得去爱上它们，进而去改变它们。

4. 昨天和明天没有必然的联系

在探讨这个话题之前，我们先来看一个人的经历：

1. 6岁时，因为他是黑人，没有一个白人伙伴愿意和他玩耍。

2. 8岁那年，他喜欢问父亲的朋友有多少财产，但没有人愿意直接告诉他。

3. 上小学时，他经常偷看姐姐的情书。

4. 他天生哮喘，夜里咳嗽，白天疲惫，那时的医生根本无法医治此病。他非常懦弱，对很多东西都恐惧。

5. 他做什么都没有耐心，就连年轻人非常渴望的牛津大学，说放弃就放弃了。

6. 老师问他拿破仑是哪国人，他怀疑老师故意作弄他，自作聪明地回答是荷兰人。

7. 别人都认为他弱智，他便去测自己的智商，结果是96，和普通人无异。

如果身边有这样一个人，我们会怎样评价他呢？他天生就不是优良种族，生来就被社会剥夺了很多机会，除了干苦力别无选择；小时候就对谈情说爱感兴趣，简直就是道德败坏的小流氓；连个好身体都没有，对什么都恐惧，还能指望他做什么？对什么都没耐心，肯定是一事无成；谁的话都不信，自作聪明，不吃亏才怪；智商和常人一样，只能过常人的生活。

这样的人，优点不多缺点不少，可以说是吃啥啥不剩，干啥啥不行。如果这样的人都能出人头地，除非火星撞地球。

我们再来看一位伟大人物的传奇人生：

1. 他从大学退学，做过厨师，卖过家具，种过地，几乎想干什么就干什么。

2. 第二次世界大战期间，31 岁的他服务于英国情报局，做了几年间谍。

3. 他一生建立庞大、过硬、复杂的人脉，通天入地，无所不能。他能与美国国防部部长称兄道弟，能与纽约的著名律师、名报总编经常把酒言欢。

4. 38 岁时，一无文凭二无经验的他，以 6000 美元起家，创办了全球最大的广告公司，年营业额达数十亿美元。

5. 虽然没有进修过广告专业课程和广告心理学，他却设计出无数脍炙人口广告词，有的至今仍在流行。

6. 因患有先天性哮喘病，他被医生断定活不过 40 岁，可是他 88 岁才去世。

7. 最后他送人一句话："永远不要把财富和头脑混为一谈，一个人赚多少钱和他的头脑没有多大关系。"

一个患有先天性疾病，大学没毕业，混迹社会各个阶层，38 岁才真正做点事，靠 6000 美元起家，把公司经营成全球同行业最大的公司的人，可以说，前无古人，后无来者。这位传奇人物，他的人生真够传奇的。从他一生中经历的事情和所取得的成就来看，我们肯定会不知不觉地把他看成非常人所能企及的天才！

现在可以非常负责地说，前面我们提到的那个黑皮肤的懦弱、多病的不良少年，和后面手眼通天的亿万富翁是同一个人，他的名字叫做大卫·奥格威，奥美广告公司创始人。

我们把 38 岁之前的大卫·奥格威和 38 岁之后的奥美广告公司创始人所有事迹一一对照，我们似乎找不到一点必然联系，也无法解释没有耐心的人如何缔造一个庞大的跨国集团公司，更解释不了患有先天性哮喘病的人怎么能活到88岁，同样解释不了一个对什么都充满恐惧的人如何能做几年间谍，智商不高的人为什么会有惊人的智慧。

我们解释不了的事，大卫·奥格威却用他的行动证明了。这就是铁铮铮的事实。

也许有人说大卫·奥格威的成功是一个个例，他的成功不可复制。那么，我们看看他的以前，是个例吗？我们仅看他的前半生，敢断言这个人能成功吗？恐怕一点成功人士的影子都找不到。

他后半生取得的成就与他前半生的行为有必然的联系吗？恐怕不存在。在他的前半生的种种生活迹象，我们确实找不到决定后半生的因素。

万事万物的变化都存在着固定的规律，唯独我们的人生却充满变数。一位哲人说："人生永远不变的法则就是改变。"一位著名的人类学家说："任何人的命运都是不可估量。"

我们的人生只有两万多天，每一天的我们却因选择的不同而不断变化。今天也许是一个乞丐，明天可能就成为富翁；今天还是不可一世的权贵，明天可能就是阶下囚。看来一个人的人生不可预测，也不能预测。用一句话概括，那就是一切皆有可能，一切尽在把握。

所以说，不论我们过去做错了什么，今天遇到了什么不幸，都不要过多地关注它。这些都是因为我们发生的，就是逼迫我们做出改变的。

在一次各国权贵、富翁、明星的聚会上，世界著名的汽车商约翰·艾顿遇到他的朋友、后来成为英国首相的丘吉尔。两个人无所不谈，最后艾顿向丘吉尔说起他不堪回首的往事。

艾顿出生在一个偏远的农村，父母早逝，和姐姐相依为命。姐姐靠给别人做浆洗工、当保姆赚钱度日，两个人过着吃上顿没下顿的日子。姐姐出嫁后，姐夫容不下他，把他轰到舅舅家。舅妈很刻薄，在他读书时，规定他每天只能吃一顿饭，还得收拾马厩和剪草坪。上班当学徒时，他根本租不起房子，有将近一年多的时间是躲在郊外一处废旧的仓库里睡觉……

丘吉尔没想到这位大富翁竟然有这样悲惨的过去，疑惑地问："我们认识好几年了，怎么从来没听你说过这些呢？"

艾顿呵呵一笑说："有什么好说的呢？努力把它改变就是了。昨天和明天没有必然的联系。如果一定将它们联系在一起，那就是看你今天做了什么，是把昨天糟糕的状况延续，还是让今天与昨天不同。"

我们昨天是谁不要紧，今天是谁也不要紧，关键是明天我们是谁。如果明天的我们依然是今天的我们，我们在今天就已经被时代埋葬了。

5. 彻底宽恕自己的过去

出生在这个社会上，无论我们是谁，在三件事上都没有选择权。

1. 谁是自己的父母；
2. 出生在什么样的家庭；
3. 家庭在哪一个国家。

这三点，对我们人生走势、生活质量、所处位置都有重要的影响，甚至决定着我们今生的前途和命运。遗憾的是，这么重要的三点，任何人都没有选择的权利。在我们跨越生命之门后，这一切已经成为我们别无选择的现实，只能接受，不需要表决。

我们的父母，可能是富可敌国的超级富豪，生活在社会金字塔的顶端，受世人仰慕，决定和影响着很多人的命运；也可能是食不果腹的难民，居无定所，颠沛流离，受世人冷待，连自己的明天都不知道怎么度过。

30 岁之前看父敬子，30 岁之后看子敬父。这句话的意思是，30 岁之前，父亲在世人眼里如何，我们便如何；30 岁之后，我们在世人眼里如何，父亲在世人眼里就如何。

不要埋怨世人如此势利，因为埋怨也没用。

如果父母能量大，就会给我们营造良好的生活、学习和发展的环境，给我们提供庞大的人脉资源、巨大的资本支援，使我们从很高的起点出发。同龄人奋斗十年二十年，即便运气不错，也很难达到我们起点的高度。

如果我们有这样的父母，这样的家庭，应该倍加珍惜。我们以虔诚的感恩之心，接过父母手中的火炬，把他们的事业做大做强，把他们的爱心发扬光大，向世界更远的地方传递。

如果父母只能给我们带来贫穷、饥饿和劳苦，我们因此经常遭受歧视、冷待和伤害，活着都成为社会的累赘和负担。我们想发展，没钱没机会没资源；找工作，没门路没关系，不得不在社会金字塔的底层，为了简单的衣食住行，驴子似的到处奔波。种种难以言表的经历，让我们感觉到自己就像荒原上的野草，自生自灭，没人在乎。

假如我们不幸陷入如此境地，也不要埋怨自己为何要经历这样的生活，因为生活本身就没有公平可言。这不是我们选择的，不能证明什么。

父母的境况代表不了我们的生活，我们的过去代表不了今天，更代表不了将来。

只要我们健康地站在今天的码头，就没有必要抱怨自己过去乘坐的船有多破，因为过去的已经过去了。从现在开始，无论我们出身草根还是豪门，有一点是一样的——明天对任何人来说都是未知的，一切都在于我们如何把握。

对于出身卑贱、家境贫寒的我们来说，要想明天有所作为，现在最应该做的，就是宽恕自己的过去。如果我们现在还对自己说，“如果我的爸爸是富翁，如果我能获得更多的支持或者有更给力的关系就好了”、“如果我上大学时选别的专业就好了”等类似的话，只能徒增我们的悔恨和悲痛。结果只能使自己感到前途渺茫，后续无力。

只有坦然地接受自己的过去，停止那些虐心的想法，立即去做自己能做的事、应该做的事和想做的事，否则，我们就会像一个背着沉重行李的人，步履蹒跚，寸步难行。

如果不能宽恕自己的过去，过去一切不如意的经历就会牵扯我们更多的精力。所以，我们最好把那些用来抱怨、哀叹的精力和时间，用在能改变自己现状的地方，用在能证明自己存在的价值上面。

一位著名的教练曾经说过："上帝让你的眼睛长在头的前边，就是为了让你向前看，向前走，而不是老盯着过去。"

有位诗人这样描写如何正视自己的过去："我相信有一天，我流过的泪将变成花朵和花环；我遭受过千百次的遍体鳞伤将使我一身灿烂……"

所以说，不论我们过去贫穷还是卑贱，失败还是失意，都应该把这些从心头卸去，彻底地宽恕自己和自己的不幸，还给世界一个真实的自己，真正的自己。

美国前国家安全顾问赖斯，10 岁时随全家到华盛顿旅游。她非常想进入向往已久的白宫参观，却仅仅因为她的黑色皮肤，无法像白人那样自由进入白宫。小赖斯并没有因为自己无法选择的肤色向父亲抱怨，而是凝神远望白宫良久，然后转身告诉父亲："总有一天，我会住在这里！"

年幼的赖斯明白，再计较自己是黑人还是白人，再抱怨为什么白人和黑人不能享受平等的社会待遇，对她，对全体黑人而言，毫无用处。她能做的，就是宽恕、接受，再去改变。

果然，25 年后，以优异成绩从丹佛大学毕业、已成为俄罗斯问题专家的赖斯，以无可争议的优势昂首阔步进入白宫，担任总统首席俄罗斯事务顾问，后又升为国务卿，成为著名外交家。白宫那条歧视黑人的规定，也早已在黑色人种的努力下成为过去。

一位父亲带着儿子去参观梵高故居。在看过那张小木床及裂口的皮鞋之后，儿子问父亲："梵高的画那么值钱，他应该是百万富翁才对啊！"父亲笑道："梵高生前穷得连媳妇都没娶上。"

第二年，这位父亲带儿子去丹麦。在安徒生的故居前，儿子又困惑地问："爸爸，安徒生不是生活在皇宫里吗？"父亲笑道："安徒生是鞋匠的儿子，他就生活在这栋破旧的阁楼里。”

这位父亲是职业水手，常年在大西洋各个港口忙碌。因为是黑人，他的收入少得可怜。他的儿子叫伊东·布拉格，是美国历史上第一位获普利策奖的黑人记者。20 年后，在回忆童年时，他说：“那时我们家很穷，父母只能靠出卖苦力养家糊口。看到和父母一样的黑人，只能从事又脏又累薪水又少的工作，我也习惯性地认为，像我们这样地位卑微的黑人是不可能有什么出息的。好在父亲让我认识了梵高和安徒生，这两个人告诉我，上帝没有看轻卑微。成功是没有任何既定人选的，它只属于能为它奋斗的人。它不属于一个人的过去，只属于一个人的将来。”

我们怎样对待自己的过去，就会有怎样的将来。我们能坦然地面对自己的过去，就会有一个光明的将来。如果我们对自己的贫穷、卑贱无能为力，就别指望别人能大发慈悲高看自己一眼。任何同情和悲悯，也无法挽救已经把自己看低的人。

我们最难跨越的，就是我们的过去；我们前行的最大的障碍，也是我们的从前。我们不能用过去迷惑自己，束缚自己，沉溺自己，把自己的将来和过去画上等号。

宽恕让自己感到尴尬、耻辱甚至是愤懑的过去，是为了我们自己，而不是为了他人。

放下即是快乐，彻底宽恕过去的人和事儿，会让我们身心健康，精力充沛，心里坦然。

想想看，如果我们总是死盯着别人在过去带给我们的伤害不放，就会浪费我们很多宝贵的精力和时间——这些精力和时间，本来可以直接用于实现我们的梦想和目标的。我们需要向前看，并积极行动，而不是停在过去或者现在原地踏步。我们需要放下包袱，把自己从别人的控制下解放出来，以便轻装出发。

从过去的痛苦记忆中解脱出来，对自己不满意的地方立即采取积极的行动，这是我们获得成长、成熟和成功的关键。

要记住，没有人能够伤害我们，过去可以，但是现在将来却不可以，除非我们允许他这么做！没有人拥有凌驾于我们之上、为我们选择未来的权力，除非我们认为他可以拥有。

大部分的伤感来自于自怜。当我们通过自己的行动获得成功之后，以前非常渴望的同情、怜悯和尊重，对那时的我们来说，已经变得一文不值。

6. 甭想一步从卧室爬到天堂

在英国古老的建筑物威斯敏斯特教堂旁边，矗立着一块墓碑，上面刻着一段非常著名的话：

当我20岁的时候，我的理想是改变这个世界；当我30岁以后，我发现我不能够改变这个世界，我将理想变小一点，决定只改变我的国家；当我到了60岁以后，我发现我不能够改变我的国家，我的最后愿望仅仅是改变一下我的家庭生活水平，但是，这也不可能。当我躺在床上，行将就木时，突然意识到：如果在20岁的时候，我仅仅去改变自己，然后，我可能改变我的家庭；在家人的帮助和鼓励下，我可能为国家做一些事情；然后，谁知道呢？我甚至可能改变这个世界。

世界上的事情有很多，但不外乎两种：我们想干的和不想干的，或者是我们能干的和不能干的。

遗憾的是，我们想干的往往是我们不能干的，我们能干的却是我们不想干的。结果便是，想干的一直没干成，能干的一直没干，导致我们庸庸碌碌好多年，不成一事，一事无成。

从我们懂事那天起，总是有人告诉我们天堂是多么的美好。上帝对我们说，他的每一个子民都可以从卧室爬到美好的天堂里去。怎么才能从卧室进入天堂？上帝说爬上去；至于怎么才能爬上去，他没说。

按我们对爬高要求的理解，从卧室爬到天堂必须要找到一个梯子。这年头，梯子不好找，即使找到梯子，也未必结实；即使有结实的梯子，还得靠对墙。这些都找到了，还得看我们的体力如何。

人生短短几十年，出名要趁早，发财要趁早。看着比自己还年轻的人，都已经在天堂里成为 VIP 了，我们能不急吗？

也许有人说，我们从卧室爬上天堂的梯子不是改变世界，也不是改变国家，而是去找一份好工作。希望自己能进入一家知名跨国公司，在优美的办公环境里，面对成群的美女，做着轻松的工作，并且拿着高薪高福利。这样的公司，就是自己的天堂。

我们职场里的天堂，最好像美国的微软公司一样，除了高薪不说，每位员工都有一间 20 平方米的独立办公室，任自己随意布置，没有任何规定。办公楼里每一层都设置一间很大的咖啡厅，免费供应咖啡、乌龙茶、牛奶、可乐等多种饮料。如果员工还想吃另外的某一种东西，他只需填好单子后，一会儿就会有人送到办公室。办公楼里有宾馆式的房间，里面日常用品、食品一应俱全，员工可以住在那里，而且是免费的。

员工个人的许多事情，也由公司代劳。比如水电费缴纳，公司花钱请水电部门上门来收；员工有亲戚朋友来，公司花钱请服务公司去接站；员工要租房、买房，公司请房地产公司上门来服务。即便不成交，公司也照样付给房地产公司中介费。

这样的公司，不仅是刚毕业的职场菜鸟，就是混迹职场多年的老油条来说，都是可望不可即的天堂。我们当中的很多人，就是怀着宁缺毋滥的想法，非世界 500 强不去，非知名大公司不就业。就算勉强屈就于中小型公司，在职位上也应该是副总级别，有独立的办公室，有专车接送上下班。

暂不说这样的要求高不高，我们还是拿职场员工心目中的天堂微软公司来说，微软公司像仁慈的上帝一样，给它的员工免费提供各种个性化的服务，那么微软公司对员工是不是也有要求呢？当然有。“世界上没有免费的午餐”这句话，在微软公司同样成立。

微软公司不是印钞公司，公司所有的利润都来自世界各个市场，必然它手里就有一把最铁质的“算盘”——微软公司是按分钟计算员工创造的效益，经理级别的员工，每分钟要为公司创造 50 美元利润，普通员工每分钟要为公司创造 10 美元利润。

一天以 8 小时计算，一周 5 个工作日，共计 40 个小时、2400 分钟，即每周每个普通员工为公司创造利润 24000 美元，每月利润 96000 美元。这还不算加班。要知道，在国际大公司，加班加点更是家常便饭。

如果我们有本事每年能为老板带来 150 万元的利润，而我们要求的年薪是 50 万，恐怕没有老板能拒绝。想赚钱的人不会把摇钱树栽到竞争对手的院子里。

公司给员工什么样的待遇，和员工给公司创造的价值是成正比的。不论是世界 500 强企业，还是个体小公司，都是需要员工创造效益的。在这一点上，全世界的老板都一样。没有效益的公司是无法存在的，更不用说和同行业对手进行市场竞争了。

比尔·盖茨是慈善家，但微软公司却不是慈善机构。微软公司要想在世界软件领域保持领先的位置，没有效益就是一句空谈，因为公司的发展必需有大笔的投入做支撑。比尔·盖茨说微软公司的优势只能保持 18 个月，这就意味着每天微软公司都在海量地投入资金，对软件进行更新和完善。这些投入的资金，都是来自微软公司员工创造的效益。

比尔·盖茨在亚洲博鳌论坛上说过，“我们微软成功的秘诀，一个是高素质人才，一个是低内耗”。他讲的低内耗，肯定不是什么窝里斗，而是员工达不到企业发展的要求就会被解雇。

微软公司从创建到现在，一直坚持雇用最好的员工。最好的员工，毕业学校、学历、专业成绩是必须参考的，同时在面试的时候，还要考核这个人的全方面素质，看他面对很困难的问题时，怎么去解决，遇到没有办法解决的问题如何去面对。

我们要想进入微软公司，或者想进入像微软一样的公司，先看看自己是否符合这样公司的要求。

由此可以看出，能进入天堂的人，都是有资本进入天堂的人。我们没有进入天堂的资本，还想进，只能认真、踏实地积累自己的资本。把有实力的梯子靠在哪面墙上，都能爬上天堂，没有实力的梯子，肯定要从卧室跌进地狱。

7. 你在自我感觉良好之前先要有所成就

在20世纪70年代的美国，作为个体的人，自尊意识被唤醒。尊重自己的个性和选择成为社会的主题。父母把孩子也当作独立的社会人看待，学校的老师也开始向学生们灌输自尊独立的观念。

随即出现的便是成功学。每个成功大师都不停地鼓吹着一套套所谓的成功理念，并形成了许多口号式的励志名言，如："年轻就是资本"、"相信自己，一切皆有可能"、"做你认为是正确的事情"……

这些成功大师可谓是对"症"下药，也许自己都活得很失败，却对年轻人大谈成功，把成功鼓吹成一蹴而就的事，让年轻人听着热血沸腾，感觉明天自己就能主宰世界，拥有世界上的一切。

年轻人最喜欢这样的口号，觉得一切事情在他们面前都变得很简单。他们陶醉于自己的未来，很少去真正研究一下真正良好的感觉应该来自什么。自信不是简单地相信自己就可以，成功也不是想到了就万事大吉。

他们错误地认为，父辈之所以没有富甲天下，是因为他们是在否定中长大的，胆小怕事，没有挑战性，接受新事物的能力弱，在机械、简单的重复中勤奋，在盲目、盲从中不计成本与效益地付出。

因此，他们自我感觉非常良好，认为自己接受了高等教育，有青春有热血，有冲劲有智商，什么事情在他们手里都会变得简单，一切对他们来说都来得及。只要他们敢想，敢做，一切皆有可能。

于是，这些受鼓励长大的孩子们，自信心极度膨胀，大有天下舍我其谁的架势。只要自己是名校毕业、有高学历，便认为毕业后就一定会获得高薪、高职位。

年轻人虽然自我感觉良好，并不知道自己到底是谁；年轻人自我陶醉，并不知道身边正在发生什么；年轻人喜欢评论身边人的美与丑，却不知道自己是美还是丑；年轻人有太多的是梦想或者幻想，却不会为理想张开搏击长空的翅膀。

他们是特定社会环境造就的一代人，考虑事情以自我为中心，以自我为出发点，遇到事情想到自己的多，考虑别人的少。敢做但浮躁，胆大但脆弱，庞杂但肤浅。他们需要在进入社会的第一天起，就得小心地迈出坚实的每一步，冷静地去面对残酷的现实生活。

这样的人，根本就没有意识到，他们也许从 7 岁到 27 岁之间，从小学生到博士，都在学习，也学到了很多知识，但是事实上，他们学到的知识永远都用不上，用得上的知识在这二十年都没有学。他们之所以自我感觉良好，是因为还不知道做成一件事情多有难。

自我感觉过于良好，他们就不会为遭遇失败做任何准备。遇到一点挫折，他们就会全面溃败，信心丧失，一蹶不振，为失败找的借口和自我感觉良好的理由一样多。

其实这样的年轻人已经在思想和行动上犯下了两个错误：

在思想上，年轻人认为，曾经发生过的一切都不再重要，也和自己无关。自己前面的大事、重要的事才是值得自己去做的。在行动上一直在寻找能一下子改变自己命运的大事。他们认为只要抓住一个做大事的机会，就能从卧室直接爬上天堂。

自我感觉良好的年轻人一路狂奔，一奔就是几年十几年，最后迷路了，迷茫了。回头看一眼，很多人把自己曾经不屑做的事做成了，成为千万富翁；从前公司的小职员也已经成为公司的负责人，甚至是公司的股东。这些人现在取得的成就，就是他们一直渴望的。

没有一个老板会把公司里的事情交给感觉过于良好的人，但会交给已经取得成就的人。没有取得任何成就之前的自我感觉良好，是盲目的自大；取得一定成就的自我感觉良好，是一种从容的自信。这两者有着本质的区别。

我们在没有做成事之前，最好还是做些力所能及的小事，取得一些小的成功。当然，在社会上做事情不等于在学校里考试。在学校里考试，是对过去学习结果的一种检查方式，甚至是在考我们的记忆力。

我们能记住什么并不重要，因为现在只要我们把想要查的东西在电脑上搜索，几乎没有查不到的。考试能考满分的人，如果不会提出问题，思考问题，解决问题，记住再多的知识也是没用的。

知识不在于能记住多少，而是在于用知识能解决多少问题。

我们在社会上做事，其实就是解决问题，解决别人遇到的问题或自己遇到的问题。

我们在不能解决问题，或者没有解决过问题之前便自我感觉良好，就是一种无知。盲目地自我感觉良好，会导致小问题不屑解决，大问题解决不了。

我们不屑做简单琐碎的小事，期待做彻底能改变命运的大事。但是，能改变命运的一件大事是不会存在的，因为一件大事也是由很多小事组成的。

重要的事总是很简单，简单的事情往往最难做。小事做不好，大事肯定做不成。

我们自我感觉良好并不是缺点，但必须有成就有底蕴才行。就像微软公司的最大野心，并不是维系“世界最好最赚钱的公司”的虚名，也不是打败同业中所有竞争者，而是把世界上所有优秀的人才都集中在微软公司。

微软的团队，拥有着世界一流的人才，已经创造出一流的业绩，他们有足够的理由说自己是世界上一流的团队，但是这个团队却时刻意识到，自己的优势只有 18 个月。

在世界一流的团队中，没有自我感觉过于良好的人，即使他们都已经取得别人无法企及的成就。这是因为在他们身边，没有最优秀，只有更优秀。

8. 尝试接受与你不同的人

在一座庙里，胖和尚和瘦和尚一起修佛。因为胖和尚出家早，自认为比瘦和尚悟性高，所以他总是瞧不起瘦和尚，明里暗里跟别的和尚说瘦和尚是到庙里混饭吃的，根本不是为了修行成佛，因为瘦和尚经常在参禅打坐时睡觉，出去时眼睛还盯着美女看……总之，在胖和尚的眼里，瘦和尚根本就不配做和尚，更不配和他在一个庙里修行。

有一天晚上，胖瘦两个和尚被方丈派到庙门口值班，两人一左一右站在庙门口。半夜时分，瘦和尚突然感到脚面一阵剧痛，用手一摸，脚面上肿起一个大包。他一瘸一拐地到门房里取来蜡烛一照，原来脚被蝎子蛰了。

盛怒之下，瘦和尚提着灯笼出来，在门口不远处找到那只蝎子，拣起一块石头就想砸。胖和尚一把夺过石头，大声训斥道："先行者在求道之时，不惜抛头颅、洒热血，甚至以恭敬心割发布施、为善知识铺平道路；或者投崖饲虎、割肉喂鹰，以护持不退之菩提心。你不过是被蝎子蛰一下而已，就动杀生之念，你和屠夫有什么区别？出家人应该以慈悲为怀，不能胡乱杀生，还是放它一条生路吧！"说着，胖和尚便向蝎子连念阿弥陀佛，护着它逃进草丛。

第二天，胖和尚见谁就跟谁说瘦和尚昨天晚上想杀生的事。众和尚纷纷指责瘦和尚俗念未了，六根未净，犯了杀戒，还联名上书方丈，要求剥夺瘦和尚的修行资格，轰出山门。方丈听了他们所说的理由，低吟道："欲除烦恼须无我，各有因缘莫论人。"然后便不做声。

七天之后的一个晚上，又轮到胖瘦两个和尚一起到庙门口值更，胖和尚在门口还没站稳，便"哎呀"惨叫，一屁股坐在地上。瘦和尚赶紧端来蜡烛，胖和尚不顾疼痛，翻身站起，抢过蜡烛四处寻找，发现了那只蝎子，二话不说，一脚下去就把那只蝎子踩得稀巴烂。

同一只蝎子，蛰了瘦和尚的脚，胖和尚就对瘦和尚欲杀生的行为上纲上线，训斥指责；而蛰了自己的脚，却杀之而后快，根本不需要任何理由。看来即使一件同样的事情，发生在别人身上和发生在自己身上，自己的感受和言行是不一样的，甚至是截然相反的。

这绝对不仅仅是一个故事。在生活中，那个胖和尚极有可能就是我们自己。谁人背后不说人，谁人背后无人说？我们在闲暇之时，不也和别人谈论身边的某某无聊、乏味、小气、虚伪和自私吗？习惯利用任何机会取笑、挖苦、讽刺那些人吗？甚至对其进行打击或报复！

我们经常这样做，习惯这样做，还理直气壮地认为，自己就是正义的化身，代表着真知灼见。对于那些龌龊、卑鄙、心理阴暗的小人，就得该出手时就出手、决不能心慈手软。

我们真像自己认为的那样，在什么事情上都一贯正确吗？别人真的像我们说的那样糟糕吗？未必！社会上的人和事，本身都是一道多解的方程。每个人都代表着不同的利益集团，都习惯于趋利避害。自身的情况不同，所在立场不同，目的不一样，对同一时间同一地点发生的同一件事，做出的选择给出的答案也就不同。

任何是非对错，都是人为地强加上去的。瘦和尚被蛰欲打死蝎子，胖和尚自然体会不到瘦和尚的痛苦和愤怒，可以肆意指责。等蝎子蛰了自己的脚，便暴跳如雷，也没那么多讲究了。看来事情不发生在自己的身上，就不能盲目、草率、轻易地对当事人的行为下结论。我们应该从当事人的角度考虑，给予力所能及的支持和帮助。

物以类聚，人以群分。我们在一个集体里，总会有性格、喜好、价值取向相同或相近的人，我们与这些人很容易成为朋友，建立起较亲密的关系；也会有与我们各个方面截然相反的人，感觉和这样的人相处很乏味，很累，很不愉快，便习惯把这样的人视为异己，讨厌并排斥，老死不相往来。最可笑的是，我们还把与这样的人交往当作是自己的耻辱，并时刻找机会与这样的人过不去。

我们这样做，并不觉得有什么不对，也没觉得有什么损失，其实则不然。我们刻意与人为敌，同样是迫使别人与我们为敌。多个朋友多条路，多个敌人多堵墙。我们不能因图一时之快，逞一时之能，无故地给自己制造本不应该出现的麻烦。

就像故事中的方丈所说的那样，“欲除烦恼须无我，各有因缘莫论人”。我们之所以对别人感到无聊和乏味，是因为“我”在我们的心目中被看得神圣不可侵犯，而我们的“目标”却被忽略。我们都是为了自己的“目标实现”而存在、努力的，也是通过目标的实现，来证明“我”的。过度地重视“我”而忽略“目标”，烦恼自然铺天盖地席卷而来。

看来，我们不能太把自己当回事儿。我们把自己太当回事儿，别人就会把我们不当回事儿。

美国海军陆战队在某次战斗中，有一个排分成三组执行任务，十个人一组。其中一名战士找到排长请求换组。排长问他要求换组的理由。

这名士兵说：“我认为我所在小组的那些士兵，各方面的能力都非常差，和他们在一起，我们不可能完成任务。我要求到其他两组去。”

排长耸耸肩膀说：“很遗憾，我本来想把你分到另外一组，可是他们说你是合作能力太差的人。就连你所在的小组内，你也不是非常的受欢迎。我做了其他九个人的思想工作，他们才同意让你参加他们小组的。现在你只有两个选择：一是退出这次行动，二是马上回去感谢那九个人给你立功的机会。”

我们总是习惯以己之心，度人之腹，以自己的需要与好恶为标准，要求别人也应该如此。我们待人处事总是以“我”为出发点，一旦得不到良好的回应，便武断地认为是对方不知好歹，宁可放弃自己的目标，再不愿与其合作。

要知道，我们在不喜欢别人的同时，别人也会同样厌恶着我们。只有我们无条件地喜欢、接受别人，别人才能无条件地喜欢、接受我们。美国教育家布克·华盛顿说：“我不会让别人拖垮到让我憎恨他。”我们有什么理由因为别人而放弃自己的目标呢？

我们作为社会中的个体，总是要在一个家庭、一个团队、一个集体里存在，在实现自己人生目标的过程中，不可能不与别人发生联系。水至清则无鱼，人至察则无徒。每个人的成长背景不同，生活习惯不同，宗教信仰不同，人生经历不同，素质高低不同，价值取向也不同。我们和有着这样或那样差异的人在一起学习或工作，就得相互理解、包容、接受和支持，绝对不能以自我为中心，强迫别人对什么问题都要与自己保持一致。

强迫别人与自己保持一致，或者强迫自己与别人保持一致，都是非常危险的。即使是我们的妻子或者孩子，他们在我们面前，也都有绝对自由的选择权利，更何况其他人呢？

我们常说“己所不欲，勿施于人”。这句话的意思是说，我们不喜欢的，不能强加给别人，这是对的。但是，我们喜欢的就能强加给别人吗？看来也不可行。别人没有为我们做出改变的义务。

最后只能剩一条了：要想被别人接受，就得先接受别人。

9. 尽力满足成为年轻富翁的条件

作为穷二代，过腻了苦日子的我们，是非常渴望自己有一天能成为富翁的。但是，在成为富翁之前，除了好运气之外，我们必须还要具备一定的条件才行。

有一些条件，我们即便具备了，也不一定成为富翁。但是，这些条件我们如果不具备，就根本不可能成为富翁。

发财致富，不是我们年轻人努力奋斗的唯一目标，但是我们努力工作、奋斗、付出和奉献的结果，可能就会让我们拥有名气、身价、财富和地位。这也是我们每个人都渴望获得的，不论我们在什么领域做什么事情。

在商品经济社会，钱不是万能的，没钱是万万不能的。钱证明不了一切，但做事的结果往往还是靠获得钱的多少来体现的。只要我们把赚来的钱花在正确的地方，有钱总比没钱好。

财富不是在别人的口袋里，而是摆在社会的每一个角落里，任何人都可以拿到。谁拿到了社会上的财富，谁就能改变自己的人生，改变家人的生活质量，甚至可以给需要帮助的人最有力的帮助。

我们在社会上行走，什么地方不需要钱？稍微夸张一点说，有钱走遍天下，有人情有面子有能力；无钱寸步难行，没尊严没保障没机会。

没钱是我们感到最尴尬、最难受的事情，所以我们都想成为有钱人，最好是富翁，有存款，有名车，有豪宅，有漂亮的女友。

在社会的每个角落里虽然都有钱，但我们拿到手却没有那么容易。因为社会中的每个人都想得到金钱，那么我们获得金钱的过程中必然存在着激烈的竞争，经历实力、势力的较量，通过关系、人脉的比拼，进行智慧、运气的搏杀，最终金钱归胜利者所有。

如果父辈没有可利用的资源，我们刚进入社会的时候肯定是一个弱者，有的可能只是美好的理想，一股敢冲敢拼的勇气，一纸能证明自己接受教育程度的文凭，但是仅仅靠这些，只能让我们找到一个还算理想的工作，赚有数的钱，并不能使我们成为富翁，不能彻底改变我们的生活和命运。

成为富翁是有条件的，只有具备了这样的条件，有梦想的我们才能最大限度地挖掘自己的潜力，最大限度地创造财富。

如果我们想成为富翁的话，就必须让自己具备成为富翁的条件，否则，我们一辈子总是不得不赚钱，或者不得不走在赚钱的路上，成为为了钱不停运转的机器。

那么，成为富翁至少需要哪些条件呢？通过众多国内外的成功励志专家不断地对各地富翁成功经历的总结归纳，总结出以下十个条件，并在此列出，供年轻朋友参考，看看你们自身已经具备了哪些条件。

1. 必须要为自己工作

能成为著名或者顶级的职业经理人，也可以成为富翁，但是这样的人少之又少，没有参考性。在别人的公司里工作，即使年薪再高，待遇再好，赚的钱也是有数的，成为有钱人可以，成为富翁的可能性不大。

你一旦甘心从别人的口袋里拿钱，就会把自己的人生埋没在公司等级阶梯之上，失去了突破、冒险、奋斗的动力。把自己陷于别人圈定的地方，要想长大非常困难。

2. 做自己喜欢的事情

能做自己喜欢的事情很难。为了生活，你不得不放弃很多东西。但并不是说你一辈子永远也做不了自己喜欢的事情。只要经济条件允许，你还是应该做自己喜欢的事情。

只有做你喜欢的事情，才会让你的聪明才智、兴趣爱好与所做的事情高度吻合，才会不吝啬自己投入的时间、金钱和精力，并进行深入的研究和运作，那么成功的几率就会大大提高。

3. 不要受自己大学专业的限制

打工靠专业，创业靠天赋。你在大学里学的专业，是在你对它知之甚少的情况下选择的，有的是父母老师替你选择的，有的可能就是你望文生义的选择。因为专业不可修改，或者修改代价太大，为了一纸文凭，你才不得不读。

每个人都有一份天赋，只是遭到扼杀、埋没的程度不同而已。大学教育只不过是让你学会了如何学习如何思考。社会上你能做的事情很多，如果你把自己限制在自己所学专业之内，大大降低了成为富翁的机会。

天赋，会让你获得不可估量的能力。

4. 时刻关注人们的需要

钱就在人们的口袋里，用来满足他们的需要。谁先发现了他们的需要并先去满足他们，并做到让他们满意，他们就会把钱交给谁，谁就能成为富翁。

5. 珍惜自己的每个想法

有梦想有追求的人，每天都会产生新的想法。有的想法能保持多年，有的想法转眼即逝。要想让自己成为富翁，那么就请你珍惜和重视自己的每个想法，别说那些想法不切合实际，一切都有可能。世界上有很多新事物，都是被人们认为是疯子的人发现的。

有了新奇大胆的想法，你就积极论证它可行的一面，而不要去想它不可行的一面。你对其进行仔细、认真的梳理和推断，然后就去实验和考察。这个想法，就有可能是你撬起地球的支点。

6. 快速接受新事物

社会上每一天都会有新鲜事物产生，但是因为人性的某些弱点，很多人对新鲜事物的接受并不是那么迅速，甚至是抵触和排斥。你要想成为富翁，不但要快速接受新事物，还得想办法服务于新事物。

任何时期的富翁，都是那个时代的弄潮儿，引导着一个时代的潮流。人们生活的原始期望就是越来越好。改变人们的生活方式，更换人们的生活理念，让人们以最简单最方便最舒适的方式去生活，在此过程中，你就能获得大笔的财富。

7. 最先把握住社会发展动向

社会每次重大的改变，都是对社会成员的角色进行重组和调整，对财富进行重新洗牌。识时务者为俊杰，你若抓住社会向前发展的新时机，必能创造一番大成就。

时时关注国家新闻，国家领导人的讲话，认真学习国家新的方针政策，梳理出你在寻找的信息，就等于发现了潜在的机会，然后迅速准备，就能抓住一个发财的好机会。

8. 比一般人多付出一百倍

天上不会掉馅饼，即使能掉，也未必一定能砸到你的头上。富翁是怎么炼成的？就是在同一时间他们比别人多做了一百件事情。别人在玩游戏的时候你在工作，别人花前月下的时候你在研究，别人在酒桌上你在市场里。

财富的塔基是由心血、汗水、智慧和奋斗搭建的。没有这些，即使有财富也是过眼烟云。要想比别人多一百倍的财富，在原始积累中，就得比别人多付出一百倍的努力。财富属于勤奋并忙到点子上的人。

9. 尽早承认失败，另辟蹊径

并不是任何人做任何事情都合适，不合适的人做不合适的事情，肯定要失败。都说失败是成功的台阶，但也要看这个台阶是不是搭建在成功的方向上。

和平社会中的人生，没有一块不可失守的阵地。你明知道靠自己现在的力量已经坚守不住阵地，拼尽全力也是枉然，何必在沼泽里越挣扎陷得越深呢？

失败可以，但不能让失败把我们变得万劫不复。

第三章

生在意料之外，活在奇迹之中

尽管你身心疲惫，父母的期望一直在那里，只增不减；

尽管你力不从心，妻儿的需要一直在那里，只多不少；

尽管你透支生命，自身的劣势一直在那里，只涨不消。

投胎的错误，会让你感觉活着是一件非常复杂的事。

如果你渴望花开似锦的春天，只能狠狠拥抱滴水成冰的冬天。

1. 接受命运的错待

哈佛大学的心理学专家通过跟踪调查，证明社会上有27%的人没有目标，60%的人目标模糊，10%的人有清晰的短期目标，只有3%的人有清晰而长远的目标。25年后，3%的人几乎都成为各界成功人士，10%的人大都生活在社会中上层，60%的人生活在社会中下层；剩下27%的人在抱怨他人，抱怨社会，抱怨自己投胎的错误。

如果投胎这件事确实存在，它肯定是一门技术活，而且技术含量还很高。这种活，早一天不行，晚一步不可，必须在正确的时间走进正确的生命之门。

如果我们投胎名门或者豪门，绝对可以谢天谢地谢人，还可以再搭三台大戏了。因为草根奋斗二十年，都不如我们出生那一刻的啼哭。

如果我们干好投胎这趟活，一切都妥了。我们可以随心购买任何标注价格的东西，在网上随便晒一件东西，就足以让很多人捶胸顿足；我们可以拥有最给力的人脉，别人只能在电视里看见的人，却与我们勾肩搭背称兄道弟。

遗憾的是，对于投胎这趟活，我们确实干砸了。出生那一刻，我们不仅没有掉到福堆上，还掉进深不见底的穷坑里，所有人都是我们的债主。

这口穷坑，我们爬了20多年，手还没扒到坑沿。这时我们该怎么办呢？是回到坑底重复父辈暗无天日的生活，还是咬牙爬到天堂呢？

尽管我们身心疲惫，父母的期望一直在那里，只增不减；尽管我们力不从心，妻儿的需要一直在那里，只多不少；尽管我们透支生命，自身的劣势一直在那里，只涨不消。只因为投胎的错误，引发了所有麻烦几何级裂变，让我们感觉活着比死还难！

但是，只要我们选择活着，就得坦然接受命运的错待，就得进行狼狈的缝补，就得从穷坑爬到天堂。这是我们对父母的交代，这是我们对妻儿的使命。即便我们不能成为他们的骄傲，也不能成为他们难以启齿的人。

古往今来，受到命运错待的人有很多，我们不会是第一个，也不会是最后一个，但我们必须做其中最成功的一个。贫穷和弱势，就是我们血战到底的理由。

如果我们渴望花开似锦的春天，那么就先狠狠拥抱滴水成冰的冬天吧。

历史上有这样一个人，命运一直反复地和他开玩笑，甚至肆意玩弄他。他通过不断地调整自己，进而战胜险恶的生存环境，化险为夷，把劣势变成优势，把仇人变成贵人，最后功成名就。

这个人，就是清朝开国六大亲王之一，郑亲王济尔哈朗。

济尔哈朗，经历清太祖、清太宗、清世宗三朝，活到五十七岁（在当时满人中已经算作高龄）。他三十七岁受封和硕郑亲王，四十五岁与多尔衮同为辅政叔王。尤其在他晚年，位极人臣，一人之下，万人之上，生前死后，备极荣光。在清初诸王之中，他虽不是最知名的，但绝对是最幸运的。

济尔哈朗十二岁时，就目睹了努尔哈赤把父亲舒尔哈齐囚禁致死，把大哥阿尔通阿、三哥札萨克图处死。后来，他又目睹皇太极把二哥阿敏以荒唐的罪名终身囚禁。可以说，济尔哈朗与努尔哈赤家族，有血海深仇，不共戴天。

济尔哈朗并没有被仇恨蒙蔽，而是清醒地审时度势，权衡利弊。凭他的个人力量，根本无法与大权独揽的努尔哈赤和皇太极抗衡。如果他明知不可为而为之，无异于以卵击石，使整个家族遭到血洗。

济尔哈朗放下仇恨，选择追随皇太极，成为皇太极得力的“五大金刚”之一，帮助皇太极在争夺汗位中获胜。

阿敏虽然身为镶蓝旗旗主，位居大金国大贝勒之位，却不识时务。皇太极已经把他列为实现大权独揽的绊脚石时，他却不愿意改变自己态度专横、生性鲁莽、口无遮拦、四处树敌的弱点，最后成为皇太极的整治对象，被终身囚禁。

哥哥被无端整治，济尔哈朗没有舍命为哥哥辩护，因为他知道这就是政治游戏。在这个游戏中，如果不能控制自己，只能成为毫无价值的炮灰。他率领诸弟和侄辈一同发誓，承认阿敏罪有应得。

济尔哈朗的明智之举，不但保全了家人，还使自己继承了阿敏的庞大家产和人口，成为镶蓝旗旗主。

正因为济尔哈朗能坦然接受现实，一心想爬出父兄挖的深坑，使他处事精明而审慎。在皇太极主政的 17 年里，他从未受过任何惩罚，仕途上一帆风顺。这个现象，在当时的官场之中，没有之一。

皇太极死后，六岁的福临即位。济尔哈朗被公推为第一辅政王，多尔衮为第二辅政王。

多尔衮本来与皇太极之子豪格竞争皇位，他为了照顾各大集团的利益，避免内战，无奈之下才让福临即位。

在清政府之中，无论个人能力还是利益集团的势力，多尔衮都远在济尔哈朗之上，而且他想大权独揽的野心众人皆知。在各个方面均不占优的形势下，济尔哈朗甘拜下风，主动让出第一辅政王的位置，甘居多尔衮之后。

多尔衮成为不是皇帝的皇帝后，罢黜了济尔哈朗的辅政权力，爵位由亲王降为郡王，把他踢出清政府的权力中枢。对这些不公正的遭遇，济尔哈朗不但选择了隐忍，还带兵远征。

各种欲望膨胀到极限的多尔衮，只活到了三十九岁。他的利益集团在他死亡之后，便土崩瓦解。济尔哈朗却成为当时朝中资历最老、地位最高的亲王。于是，他果断出手，联合诸王打击多尔衮集团，把大权归于福临。

清算多尔衮集团之后，济尔哈朗集清政府最高权势于一身，可是他没有主掌朝政，而是明智地选择了功成身退，因而获得善终，后人世袭亲王爵位直至清朝结束。

十二岁就掉到人生大坑里的济尔哈朗，通过调整自己、掌控自己、驾驭自己，不向命运屈服，不向强权叫板，才不会被仇恨、利益、强权、险恶的生存环境所左右，总是能做出正确的进退、取舍，以最小的代价获得最大的利益。

从济尔哈朗曲折的人生经历、跌宕起伏的仕途可以看出，身处劣势的人，只要选择“宁可强得让人羡慕，也不能弱得让人可怜”的生活态度，就能练就缩骨神功，就能从社会狭小的缝隙中钻出，成为别人仰视的人。

我们一直埋怨被别人困在一个无法突破的境域里，其实连自己都不知道自己究竟能到什么地方去。我们一直渴望着开心快乐，可是我们却一直被自己和别人制造的麻烦纠缠。

只有坦然接受自己目前的生活囧途，我们才会在这个境遇中冷静地寻找突破口，再进入到自己喜欢的环境里去，过自己希望过的生活。

或许由于命运的错待，我们这块金子被埋进土里，没人在乎，我们的价值等同于一块石头。不过这也没关系，只要我们从土里钻出来，见到太阳，金子就会发光的，前提是我们必须从土里钻出来。

如果我们不是金子，就一定要给自己加一些元素，让自己的头脑与身心发生化学反应，使自己在时间和空间的锤炼下，变成金子。

不要埋怨自己没有机会！没有机会的时候，是因为你还没有能力驾驭机会，这时候你能做的不是抱怨，而是耐心地完善自己，从细节上为自己赢得机会做准备。

活着，是很简单的事情。但一个人想知道自己应该怎么活着，却不是件容易的事情。世界上有无数的人，在活着的过程中，不断地犯这样或者那样的错误，并且直到离开这个世界还不知道自己错在哪里！

只要我们接受自己的劣势，不找借口，不断地调整自己去适应社会，不断地获得正能量，即便实现不了自己的目标，也能离目标越来越近。

我们可能走得不远，但是我们必须要站起身来，向前走。每向前走一步，我们的生活境遇就会有着惊人的改变。

能改变的，不仅仅是我们的口袋，还有我们的脑袋！

2. 说和做，永远都是两码事

在家长无微不至的呵护下，在老师严规铁律的限制下，我们作为社会的新生一代，一直都在规规矩矩地成长着。然而等到步入社会时，我们却发现曾经自我感觉非常良好的自己，不知道除了学习还能做什么。不知道自己能做什么，是因为我们从来就没有想过要做什么。

不了解自己真正的需要，不了解社会的真正需要，是我们这一代人的典型特点。因为我们从出生开始，一直被“计划”成长，一直行走在一条条胡同里，只有一个方向，只能向前。当我们走到胡同口时，迎面而来的却是一片茫茫无际的大草原。

大草原上，似乎没有路，似乎哪里都是路，只要走下去，我们的身后便形成了路。这对于在引领、扶持状态下长大的我们来说，面对一片没有脚印的前方，还能走得毅然决然吗？不可能。长辈们教导我们说，做任何一个选择，都不能轻率，要做充分的调查，要经过成功可能性的论证，要寻求经验丰富的人的指导，这样才能少失败或者不失败。

别人的成功经验对我们来说，真的有用吗？书本上的成长原则对每一个人都行之有效吗？我们在思考这个问题之前，先看一则故事。

三个平时关系非常要好的结义兄弟，不小心一起掉进井里。井非常深，三人在井下做出多种努力之后，均告失败。生命垂危之际，有人听见他们的呼救，把一根绳子扔下来。由于求生心切，他们同时抓住绳子向上攀爬。

三个人好不容易爬到井深的一半，却听见上面的人喊道："绳子太细了，先下去一个人，不然你们谁也爬上不来了。"

三个人绝望了，怎么办？谁都想爬上去，谁都不想看着好朋友死。几秒钟后，其中一个体力差、估计自己爬不上去的人松开手，把生存的机会留给好朋友。

好朋友的死让两个人悲痛万分，咬牙继续向上爬。爬到离井口还有三分之一距离时，上面的人又喊道："绳子快断了，只能拉动一个人。"

眼看体力即将耗尽，再回到井底，根本就不可能有生还的希望。两个人的想法是一样的，谁也不像第一个人那么慷慨了。上面的人不停地发出警告，但两个人都不愿意松手。生与死，就差这几步，谁会心甘情愿地放弃呢？

在上面的人发出最后一次警告的同时，爬在前面的人不再犹豫，一脚就把下面还在考虑的朋友踹下去。

对这样一个非常简单的故事，每一个人都有自己认为正确的说法。

哲学家说：第一个人虽然死了，却还活着；第三个人虽然活着，却已经死了。

佛学家说：放下即是得到。第一个人放开了绳子，得到了升华；第三个人抓住了绳子，却最终堕落。

基督教徒说：第一个人升入天堂，第二个人进了坟墓，第三个人下了地狱。

商人说：第一个、第二个人死了，第三个人最终爬上去了。

成功学家说：为什么不一个一个地爬上去？不行吗？

故事只是故事，可以有多种假设，是用来让人们思考的；现实就是现实，是要人们正确思考正确选择的。理想和实现之间一直存在着巨大的差距，说永远比做容易得多。在没有巨大利益冲突面前，谁都会谦让，但是一旦处于生与死的选择上，是非就不会那么鲜明了。

任何一件事情，从不同的立场、不同的角度分析和判断，结果是不一样的。立场、角度、观点都不是一成不变的东西，每个人都会因价值取向的变化，不断地调整自己的取舍。

我们的父母、老师总是向我们强调一些对或者不对、好或者不好的甄别方式，书本上，电视上也在不停地向我们灌输着正义与非正义的论调。这些都在潜移默化地影响着我们的选择、判断和行为。

不得不说，一些建议和忠告是能让我们受益终生的，但是一些看起来非常正确的指导，却成为植入我们骨髓的精神垃圾，会成为一种无形的羁绊，阻碍我们的成长和成功。

井下的三个好朋友，如果井下的条件允许他们再坚持一会儿，他们就不会一起抓住绳子；第一个人很伟大，把生的机会让给朋友。不过还有一种可能，假如他的能力比那两个人强，活下去会给社会带来更多的福祉，而另外两个人却成为家人和社会的负累，那么第一个人的伟大承让就是一种遗憾。

剩下的两个人，如果都不松手，绳子就会断，两个人只有一个结果——同时落水死亡。还有，假如我们是两个人中的一个，自己会不会松手？如果不能，就不要做任何关于是非的评判。先前的对错原则，在那一刻都会失效。

一些事情，我们怎么做，可能是错的，也可能是对的。因此，在我们没做一件事情之前，就不要轻易地说对还是不对，好还是不好。我们不能被书本上的教条理论限制住，不根据实际情况，死板地执行自己的发展计划。任何一个不做调整和改变的计划，都不是科学的计划。

这就让我们联想到，在我们毕业走出校门时，就不能轻易地根据以往的价值取向，把自己限制死，也不要轻易地给自己列一些教条的计划，死板地执行。也不能死等，等自己认为条件具备了再去做，等我们有了百分之百胜算的把握，别人早已捷足先登了。

20 世纪 70 年代，在美国加州萨德尔镇有一位名叫法兰克的年轻人，因家境贫寒，早早辍学到芝加哥谋生。他在芝加哥城内找了好几天工作均被拒绝，走投无路时发现在大街上擦皮鞋也能赚点钱，于是他便买了把鞋刷给人擦皮鞋。

法兰克擦了半年皮鞋，赚来的钱，仅仅能够维持生计。如果他稍不节俭，根本攒不下钱。这样下去肯定不行，他便在擦皮鞋的同时寻找其他赚钱之道。

他发现卖雪糕成本不高，利润不小，马上租了一间小店，边卖雪糕边给别人擦鞋。没想到，副业的雪糕生意远比主业擦鞋赚得多，于是他又开了一家小店，同样是卖雪糕。到后来，他专门从事雪糕的零售批发业务，越做越大。如今，法兰克的“天使冰王”雪糕，在美国冷饮界已成为超级商业航母，占据全美市场七成份额，4000 多家连锁店遍布全球 60 多个国家。

和法兰克同时到芝加哥谋求发展的还有一个人，名叫斯特福，他是落基山脉附近的比灵斯人，父亲是个农场主，很富有。为了让儿子成为美国最成功的商人，父亲把斯特福送进商学院学习，并拿到 MBA 学位。

就在法兰克因生活所迫在大街上给别人擦鞋的同时，斯特福拿着 MBA 学位，住进芝加哥最豪华的酒店，委托多家市场调研公司调查芝加哥各个行业的市场潜力。最后斯特福对耗资数十万、历经一年多时间得到的各个行业的市场数据，进行精确分析，得出的结果是：卖雪糕最赚钱。法兰克此时已经拥有了数家雪糕专卖店。

斯特福把自己要开雪糕连锁店的计划告诉父亲时，父亲坚决反对，他认为拥有 MBA 学位的人去卖雪糕是一种耻辱，会让天下人耻笑。斯特福见父亲强烈反对，也犹豫了，但是再次运用他的专业知识对市场前景判断后，还是觉得卖雪糕成本最低利润最大。一年后，斯特福终于说服父亲，准备投资打造雪糕连锁店。此时法兰克的雪糕店以成为无法战胜的商业航母，游弋全美。斯特福已经无法与法兰克在雪糕市场上抗衡，只好放弃。

任何成功不可或缺的条件就是胆识。要想干成一件事，胆识起着关键性的作用。很多事情不是我们不能做，也不是我们做不了，只是我们不敢做。在没做一件事情之前，里子面子来回考虑，成败得失之间反复掂量，无形中便把负面的东西夸大。没做之前，我们就背上很多大包袱。

无论我们境况如何，都不能把自己的命运交给别人安排，哪怕他是上帝。上帝也只能根据他的需要来安排我们。再好的计划和安排，不去实施，也是一张废纸，几句空话。想做的时候就去做，这才是走向成功的开始。

3. 先做适者，再做强者

杰克通过朋友约翰的介绍，进入一家大公司上班。那是通讯行业里非常知名的一家公司，能进入那家公司工作，是杰克梦寐以求的事情。

可是杰克进入公司工作一段时间之后，感觉这家公司远没有自己想象的好。他所在办公室的老员工，对杰克不但不热情，反而非常的冷漠甚至厌烦。每天他们埋头忙自己的事情，一个月后居然还不知道杰克的名字。每次见面，杰克都是热情地和他们打招呼，他们只是面无表情地回应一下而已。

这家公司每个部门都冷漠得像人间地狱。因为公司帮派林立，为了有形和无形的利益，小集团与小集团之间充满斗争。对于新人，因为不知道背景，每个老员工都像防贼一样提防着他。

杰克认为自己已经非常尽力了，还是很难适应这家公司怪异的工作氛围、充满斗争的企业文化、冷漠的人文环境和复杂的人际关系。

让杰克感到特别难过的是，他的价值观念和做人原则与这家公司的人文环境时常发生冲突。作为新人，作为弱者，杰克感觉自己时刻饱受折磨和伤害。他认为自己仅仅是因为一份工作、一份薪水就对别人低三下四，委曲求全，活得很累很无奈。

杰克认为，健康和谐的工作环境，对于像他这样的年轻人的成长和发展是非常重要的，他需要有一个自由、宽松、包容、充满激情的成长空间，而不是看着别人的脸色，揣摩别人的心理，再决定自己该怎么做。

他渴望一种简单的人际关系，不想把自己的青春和才情浪费在揣摩别人的心理和看别人的脸色上。这时候，年轻的他想到退出，转身走人。

杰克在辞职前找到他的导师约翰，向他说出了自己的苦闷和辞职的打算。约翰听后什么话都没说，而是拿出一张光碟叫杰克与自己一起观看。

那是一部科学纪录片，描述的是白垩纪、侏罗纪时代地球上的种种生物，包括恐龙、鳄鱼、蜥蜴、变色龙等爬行动物的生活。杰克实在想不明白导师为什么要让他看这个滥片子，但是他见约翰看得津津有味，只得耐着性子把影片看完，最起码这是对导师的尊重。

影片随着恐龙的灭绝而结束的。杰克刚想问约翰自己是不是应该辞职的问题，约翰忽然自言自语地说："那么强大的恐龙灭绝了，而小小的变色龙却繁衍生息到现在。适者生存，而不是强者生存啊!"

约翰关闭电视，转身对杰克说："你是否可以辞职不是问题，我们没有必要讨论。你回家好好看完这个片子再决定。你是聪明人，我想你不会做出让自己后悔的选择!"

回家后，杰克没有继续看影碟，而是反思约翰那些话。突然间他意识到，自己就是公司里的那只恐龙！没错，他一直以为自己是一只强大的恐龙，并因此而藐视那些软弱的变色龙。

第二天，杰克继续回到公司上班。他不再看别人的脸色，不再琢磨别人的议论。公司里别人不愿意做的事情，他主动去做，而且做得很完美。对于公司里那些傲慢的人，他一直保持着最热情的微笑。即使他做得最多，获得的报酬最少，也没有一点抱怨情绪，依然以最饱满的热情去工作。

两年之后，杰克因为业绩突出，人际关系好，口碑不错，便被集团总部从普通的员工晋升为副总经理。而这两年之间，他买得最多的东西，就是形形色色的变色龙，放在他能看到的每一个角落。

我们入职一家新公司，是不是也会遇到与杰克相同的情况呢？如果遇到了，我们是不是也像杰克那样，因为自己难以适应工作氛围而要一走了之呢？

如果是这样，我们在选择离开之前，先问问自己："是做不了这份工作，还是适应不了新公司的环境？"我们得到答案往往是："不是做不了这份工作，而是适应不了新公司的环境。"

作为刚入职公司的新人，一个新平台上的弱者，我们渴望被老员工理解、尊重、接纳和包容。但是，我们更应该反问自己：自己具备被理解和尊重的资本吗？

假如我们是行业内的高手或名人，拥有任何人不能小觑的能量，公司里的人，不论是谁，是不是都得仰视我们？我们还用他们瞧得起吗？还怕别人的冷眼吗？还怕他们对自己说三道四指手画脚吗？恐怕我们都没有时间也没有心情关注这些！

既然我们不是行业内的高手或名人，还没有强大到别人不能不重视的地步，那么我们有什么资格要求新公司里的老员工热情地对待自己，把我们当做心目中的偶像毕恭毕敬？他们搭理我们是人情，忽视我们是本分。他们完全有理由用任何眼光看待身边出现的新人。

在新公司，老员工瞧不起我们，那是因为我们还不具备别人瞧得起的资本！要想改变别人对我们的看法，只有我们做得比他们好，取得他们无法取得的成绩，用自己的实力去使他们折服。

要记住，实力和能力，永远都是我们在职场上行走的万能通行证。现在是市场经济时代，财神爷和摇钱树至上。我们只有具备相当强的能力和实力，才能在一个行业里获得话语权，才能大声告诉那些瞧不起我们的人，我们有能力引导一个公司的发展！我们根本不需要用别人的毫无实际价值的怜悯或者虚假的鼓励来肯定自己。

生活中的弱者，因为自卑和软弱而选择逃避，并为获得别人的同情和宽恕，给自己找了许多看上去非常美丽的借口，告诉自己和别人这是应该放弃的。从某种程度上讲，任何一种放弃，都是一种彻底的失败！

再美丽的借口，只要是让自己选择了投降，那就是对自己人生的不负责任。一旦投降成了习惯，那么我们此生必定会在别人鄙视和蔑视的目光下生活！

那么庞大的恐龙，因为不适应生存环境，已经在地球上消失了。我们作为一个行业内的菜鸟，一无所有就是最大的资本，我们还怕什么冷漠和无情呢，企求什么怜悯和包容呢？我们应该用自己的实力来告诉曾经鄙视和蔑视我们的人：没有什么是不能改变的！

因为自己弱小，我们很在乎自己的尊严，很在乎自己在别人眼里的样子，甚至所做的一切都希望得到别人的肯定。其实，这样做未必就是对的，很可能危害到我们的未来。

任何没有实际价值的怜悯和同情，只能让我们心安理得地找各种理由，让自己放弃本该坚持的东西。我们可以冲冠一怒，可以一走了之，可以为了争一个面子争一口气而走的潇洒。但以后我们就会明白，那一时的冲动，就是自己终生的遗憾。

我们应该时刻牢记这三句话：

1. 环境不会改变，解决之道在于改变自己。
2. 世上没有绝望的处境，只有对处境绝望的人。
3. 回避现实的人，未来将更不理想。

4. 我们不需要别人做向导

在哈佛大学某届毕业生的毕业典礼上，有一个教授非常正式地对他的学生说："十年后，你们不要聚会。那种聚会，会使你偏离自己人生追求的目标！"

读到这句话时，我对其并没有深刻的理解。直到几年前一次大学同学聚会之后，我突然参透了这句话的玄机。

毕业十年，同学聚会，非常热闹。我单纯地认为，同学聚会，就是叙旧、交流生活心得、相互提供资源的活动。事实上并不是这样。毕业十年的聚会，确切地说，就是飞黄腾达者炫耀、落魄无能者失意的大会。

同一所大学同一时期毕业的同学，经过十年的奋斗，因为选择方向、各自机缘、努力程度、运气好坏的不同，社会地位和自身身价已经完全不同。人与人之间的社会位置，已经出现了巨大的落差。

我同学的境况，大致可分三种：

一、做官的。适合做官的都做官了。他们成为副处、正科、副科级干部，在各个机关里混得风生水起，而且发展空间很大。

二、经商的。具有冒险精神和发财欲望的人都去经商了。他们抓住机会，利用资源，都成为老板，或者是国企、外企的中层。他们在各个行业里拼出一方天地，占有一席之地，不是千万富翁，就是年薪几十万的高级白领，住豪宅、开名车，成为各个行业里的佼佼者。换一句很俗的称呼，他们就是传说中的成功者。

三、打工的。由于外界和自己条件的限制，这些人沦为社会底层的蚁族，社会金字塔底的砖头。他们起得比鸡都早，睡得比老鼠还晚，付出得比黄牛都多，得到的比蚂蚁还少。最要命的是，他们没有决定权，却是埋单者，时刻受到各种不公平、不公正、不公开的掠夺。

前两种人容易成为第三者的羡慕对象。有他们站在前面，就容易让第三种人怀疑自己的人生追求目标，抱怨自己的生活境况，习惯性地向别人靠拢或者跟进。

同学聚会后，总会有一些人得意，有一些人失落。得意的人乘兴而去，失落的人败兴而归。失落的人，开始质疑自己的选择和坚持，怀疑自己的职业和奋斗目标。因此，胆子大的跳槽改行，奋力一搏；胆子小的自暴自弃、萎靡不振。

这就像一场没有规则的马拉松比赛。我们从起点出发，按着自己的节奏跑得很好，当看到有人超越自己，或者得知有八个人达到终点时，自己的节奏乱了，步子重了，甚至想到放弃了。最可怕的是，第二天就改练拳击和散打了。

看来哈佛大学那位导师说的话不无道理。在我们的人生目标尚未实现时，如果定力有限，就不要参与各种熟人的聚会，因为它会让我们伤心、伤身、伤神。

近几年来，最成功的作家之一，应属发行近千万册的《明朝那些事儿》作者“当年明月”。《明朝那些事儿》引爆写史热，一时间，中国五千年的历史几乎被幻想坐在家里就能发财的草根们写了一个遍，市场上类似《明朝那些事儿》的书籍多如牛毛，某些作者还公开宣称 PK 当年明月。但是，他们写的历史书，仅仅是对一段历史的简单复制，根本无法感动读者。

当年明月研究明史，没有任何理由，只是爱好。作为海关的小公务员的当年明月，研习明史，不是他的工作需要，更不是想靠此发财。

然而，当《百家讲坛》引发国人读史热时，已经精通明史的当年明月，用他独到、新颖的方式，给国人立体还原明史。一时间，引三千“明矾（明史粉丝）”竞折腰。洛阳纸贵，一书难求。

其他作者，见当年明月成名了，发财了，才忙不迭地搬出自己并不熟悉的古籍，以模仿当年明月的笔法进行克隆。一个朝代的政治、经济、文化、国情，在几个月时间内，恐怕连皮毛都难掌握，达不到当年明月对明史的认知高度，自然在情理之中。

当年明月研习明史时，没有人因为写历史，赚到几千万的稿费，甚至没有一个人因为研究历史而名满天下、妇孺皆知。他是以自己的爱好为人生向导，做自己想做的事。不以别人如何心动，不以别人怎样改变。如果他当年慨叹“我本将心向明月，奈何明月照沟渠”，就不会有今天的当年明月！

无论我们现在境遇如何，社会位置怎样，都不要轻易认为这是命运注定。只要我们没有到亲朋好友在悼词中总结我们一生的时候，还感觉自己混得不怎么样，就必须向自己的人生下战表，不抛弃不放弃，调动全部能量搏一把。既然我们对当下的自己不满意，又何必维持现状呢？

地球是圆的，位置会变的。只要我们面朝正确的方向，即使目标再大再遥远，也会有实现的那一天。

我们不能轻易地确定目标，更不能患得患失，一曝十寒。我们现在无所事事，原因就在于我们什么都想做，什么都做不成。

我们小时候都听说过小猫钓鱼的故事。老师讲得惟妙惟肖，我们听得津津有味。但是，我们却不知道，已经是成年人的我们，却经常扮演生活中的小猫。

我们看到别人开公司赚大钱了，也跟着下海游几圈，结果上岸后连泳裤都不见了；看到别人炒股发财了，也跟着开户投资，结果把血汗钱都赞助庄家了……

不知道自己要什么，是可悲的；看见别人拥有什么，就去追求什么，是没救的。

无论我们成为哪一种人，都不能骄傲或自卑。人与人之间没有可比性，也不能比，更不能以某个人作为自己人生路上的向导和参照。我们要锁定自己的目标，既要仰望星空，又要脚踏实地，不能被别人暂时的成功所左右。

建自己的庙，念自己的经，成自己的佛，才是自己应该做的事。

每个人的背景、资源、机遇、能力、起点、人脉都不可能一样，更何况，我们参与的往往是有人为操作痕迹的非公平竞争。因此，我们必须服气，但不能认命。做自己，按自己的方式，实现自己追求的目标。

实现人生重大目标，几乎没有一蹴而就的。如果有，不是老子准备充分，就是个人准备充分。如果我们的老子一辈子懈怠，我们又不是什么天才，没有特殊的机遇，那就得积极地准备，慢慢地等待。只要我们准备充分，机遇一旦到来，就有我们的出头之日，脱离社会底层。

这样做值得吗？值得。我们的一生中，只需要一次成功即可。

5. 寻找最适合自己发展的城市

我们在小学时学过一篇文章叫《晏子使楚》。楚王为了侮辱晏子，故意让晏子看见齐国的囚犯，证明齐国人的道德很败坏。

这时，聪明的晏子说出这样一段话："婴闻之，橘生淮南则为橘，生于淮北则为枳，叶徒相似，其实味不同。所以然者何？水土异也。"

这段话翻译成白话文，就是说：我听说，橘树长在淮南叫橘树，长在淮北则叫枳树。它们的叶子虽然相似，但结的果实却大不相同。橘树结的果子又大又甜，枳树结的果子又小又涩。这是为什么呢？水土不同而已。

晏子的话，我们还可以这样想：我们是龙，就得入海；我们是虎，就得上山。否则的话，就会有"龙落浅滩被虾戏，虎落平阳被犬欺"的下场。在浅滩上，即便我们是龙也得盘着；在平阳地带，即便我们是虎也得压爪子趴着。这是因为宝贝放错了地方，就是一堆废物。

古人云："父母在，不远游。"事实上，我们为了生存和发展，尽管父母年迈，外地人还是去了北京，北京人还是去了纽约。没有人甘愿背井离乡，千里马更不愿意老死槽厩。

在没有水的地方，我们挖多深的井也不会有水。这和我们有没有才华没关系，和我们努力与否没关系！

现代社会，大多数城市都在飞速发展，而每个城市却有每个城市的发展重点和方向。有的城市是工业城市，有的城市是商业城市，有的城市是文化城市，有的城市是旅游城市……一个城市通常只能给几种人提供广阔的发展空间和有力的支持，因为每个城市的定位不一样。不同的城市发展重点，不同的发展方向，决定了它对人才的需要也就不可能一样。一个城市只能给它需要的人才提供非常合适的位置，只能保证那些符合它发展需要的人尽快尽早地获得成功。

我们的地域宽广，人文环境、地理条件和投资条件迥异，导致各地的经济发展差距很大，人们的思想观念更是有天壤之别。

如今的法律对我们在自己的国内自由迁徙尚有诸多限制，地域歧视问题也没有得到彻底消除，城市的房价、房租都高得离谱。这些无法回避的问题，会让我们望而生畏。

贫穷落后地域的可怕之处不在于贫穷，而在于落后。落后的思维模式、价值观念、复杂的社会关系，都会成为我们前行的羁绊。在那个环境中，允许我们穷得可怜，却接受不了我们强大到可怕。

我们即使穷到无比可怜的地步，也只能成为他们取笑的对象，只要他们比我们还强那么一点点。所以，我们要到适合自己发展的城市里去，寻找自己第二次复活的机会和平台。在放牛的目的只为娶媳妇生娃的地方，我们确实消耗不起。

别相信是金子在哪里都能发光的论调。演技再好的演员，如果没有登上舞台、亮相屏幕的机会，也只能泯没于众生之中，没有人知道他是谁。

陌生的城市，可能对我们来说存在诸多不便，但那里有适合我们成长的土壤，有我们发展需要的机会。在那里，我们只要把生存问题解决了，剩下的就看我们能不能发现和把握机会了。

机会在于创造，在于寻找，在于发现。在没有机会的地方等待，不可能等来机会。

我们不要留恋自己熟悉的环境，更没必要担心陌生的城市里没有亲朋好友为伴。在那里，我们可能远离血脉关系的亲友，但会获得志同道合的战友。在那里，只要我们按照自己的目标努力投入，就什么都能做，而且都能做好。

物以类聚，人以群分。城市里的高人、能人很多，他们的举手之劳，就可能给我们提供巨大的帮助，让我们有意想不到的收获。这也是我们必须到适合自己发展的城市去的重要原因之一。

只要我们做人不太差，做事很靠谱，就能通过各种渠道、利用各种平台结识能改变我们命运的人。只要倍加珍惜，悉心经营，我们的人脉关系就会从无到有，从弱到强。

生活和工作的环境变了，其他任何事情，任何人，都有可能因此而改变，甚至包括我们的心态和习惯。只要我们自己主动寻求改变，世界就会随着我们的改变而改变。

我们要敢于到自己陌生的城市、陌生的行业里去。在那里，先别计较成败得失，只要我们首先能健康平安地活下来，就不算赔本。一辈子当中，我们能赌敢赌的时间并不多，所以在关键时刻我们应该有点赌性，应该冒一些风险。

如果适合我们发展的城市里有同学、亲属或者熟悉的人，那是最好不过了。我们可以暂时依靠他们几天，然后依据自己的经济实力，有钱就找一个好点的地方，没钱就找一个差点的地方住下来。

在陌生的城市里，第一次找工作，最好是利用自己熟悉的人，看看他们有没有你想进入的那个行业的关系。如果有，通过他们介绍一下，找到理想的工作会容易一些，防止自己走弯路。

如果没有也没关系。我们可以利用网络，向自己想入职的公司发送简历。如果自己的工作经历并不丰富，那么从那个公司的底层的普通工作做起比较合适。

买各种各样的人才报纸，参加各种各样的招聘会，主要找自己感兴趣的行业公司和单位。这时，有一点我们必须切记，对于我们个人发展而言，行业比态度重要，平台比能力重要。在盐碱地上，无论我们如何勤奋，如何敬业，也不会有好收成。

我们找工作，不要局限于自己以前做过的工作，或者局限于自己的专业。我们要提醒自己，只要有一个平台，任何工作都不会一直陌生的，除非技术性非常强的工作。

如果我们实在找不到理想的工作，那就先找一份可以糊口的工作。不管是谁，都是要先解决生存问题，然后才能谈发展。

我们选择了适合自己发展的城市后，必须还要做到以下几点：

1. 无论遇到多大的困难，都不要轻易言退。

2. 在经济条件不允许的情况下，尽量降低自己的生活成本。

3. 把起点放到最低，甚至要做好靠出卖体力维持生活的心理准备。

4. 弄清楚实现自己的目标需要什么条件，并时刻为其做充分的准备。

5. 抓住一切机会，结识有能量的人，并留意自己需要的机会。

6. 在各个方面进行尝试，只许自己试过，不许错过。

6. 选择最适合自己发展的圈子

从前，鸟妈妈下了三个蛋，孵出三只同样的小鸟。鸟妈妈给它们喂同样的食物，教它们同样的生存本领。三只小鸟渐渐长大，鸟妈妈便让它们离开鸟巢，各自去寻找属于自己的天地。

三只小鸟飞到河边的一片草地上，一只鸟抬眼看看四周，说：“哎呀，这里太好了，附近是大片的麦田，河水又清又纯，还有成群的鸡、鸭、牛、羊，能在这里生活，保证一辈子吃喝不愁，还有这么多伙伴陪着，肯定不会寂寞。我们应该在这里安家生活，过一种安逸的日子。”

另两只小鸟觉得这里太普通了，留下来没什么意思，便对那只小鸟说：“好吧，既然你觉得这里好，你就留在这里吧，我们还想再到别处看看，也许还能找到比这里更好的地方。”

两只小鸟离开河边，飞到五彩斑斓的云彩里。其中一只鸟从云端向下看，觉得自己高高在上，能俯视地面上的一切。在它的眼里，一切是那么的渺小，便得意地引吭高歌。它对另一只鸟说：“在云端生活，可比那河边强多了，咱们就把家安在这里吧，永远有高高在上的感觉，多好啊！”

另一只鸟觉得云端确实是比河边好得多，但仍然不是它想要的。它说：“这里确实比河边好，但这里和我理想的环境还是有点儿差距。我确信还应该有比这里更好的地方。如果你愿意留在这里生活，我只能自己去寻找了。”

第二只鸟留在了云端。第三只鸟振翅翱翔，向着九霄，向着太阳，执著地飞去。

到后来，落在河边的那只鸟成为麻雀，留在云端的成为大雁，飞向太阳的成为雄鹰。

拥有同样起点、成长经历的三只小鸟，最后获得不同的生活。决定它们最后成为什么的，是它们选择的生活圈子。

社会中存在很多不同的圈子。这些圈子包括社会阶层、行业、公司、朋友、社区等。每个圈子的含金量、能量、上升空间都不一样。同样的付出，在不同圈子里获得利益的难易和多少都不一样。

每个圈子的人，自身素质、思想境界、思维方式、取舍角度、价值取向、运作能量、人脉资源、生活习惯都不相同，并且对新加入圈子的成员具有很强的同化作用。新进入圈子的人，无论主动还是被动，都会慢慢地被圈子里的人同化，成为与那个圈子文化吻合的人。

在现实生活中，我们选择进入什么样的圈子，可能就会成为什么样的人。

我们都想获得环境舒适、社会地位高、收入丰厚、氛围和谐的工作。我们有这种想法无可厚非，但却不一定是完全绝对正确的。

为什么这么说呢？

我们要想在某一方面得到发展，必须进入适合我们发展需要的圈子。圈子影响和决定着一个人的前途和命运！我们只有及早进入自己喜欢的行业，并且走进这个圈子，在这个圈子里好好经营自己，才能走上自己的发展之路，成为自己理想心目中的人！

很多时候，我们正是因为进入的圈子不理想，导致自己逐渐变成连自己都讨厌的人。

圈子具有不可低估的力量。一方面，它会同化我们；另一方面，它也会引导我们，帮助我们。

现在不是靠个人能力单兵作战的时代，而是靠集体作战甚至是集团作战的时代。一个人的综合实力有多大，不是看他掌握多少知识，拥有多大的智慧，而是看他和他背后站着的人的合力有多大。

举个简单的例子。如果我们是靠码字为生的人，那么必须在出版界认识许多策划能力相当强的编辑，才能把自己的作品真正做到位，做到极致；如果我们是编辑，那么能力的大小主要体现在我们背后有多少位牛的作家。

同样一个人，想在某个领域取得成功，站在圈子里和圈子外结果是不一样的。最起码圈子里的人知道做什么才有效，事半功倍，而圈子外的人只能盲目地去做，事倍功半。

我们可能N次尝试进入自己梦想的圈子，去那些公司寻找机会，却被拒绝过N次。被拒绝的原因倒不是因为我们的文凭和户口，最大的障碍是我们没有现成的资源和突出的工作经验，没有过硬的业务组织能力。虽然我们极力向老板表示，这些东西自己以后肯定会有，但双方都明白，这肯定会需要一定的时间。

而且，即使我们入职这样的公司，公司也需要花费人力、财力和时间来培养我们，还不一定就能把我们培养到公司预期的程度。所以，多数公司老板都想找“插销”式的圈内高手。这样的人，入职第二天就能给公司带来效益，而不用公司花大力气去培养。

一个公司的老总曾这样说过：“我宁可花100万元聘一个人一年，也不愿意花1000元养一个人一年。”我们现在衡量一下自己的水平和能力，在理想的行业内是不是属于被养之列？

一无行业资源二无工作经验的我们，如何才能进入自己梦想的圈子呢？

很多圈子，如果我们在这个领域里没什么特殊关系，仅凭现有的能力和资本，是很难进入圈子里一家比较理想的公司的。

我们的能力，如果不在工作中真正地实践，仅靠通过书本学习，是永远不能培养出来的，更不可能真正了解这个行业的每一个环节，把握好每一个细节。

如果我们实在无法进入这个圈子的理想公司，那就“曲线救己”，退而求其次，找一家与这家公司有直接或者间接业务联系的公司，从这个行业中最不起眼的环节或者最末端开始做起。

如果我们不能进入大公司，就选择新开业的、规模小的公司。这样的公司刚刚成立，处于起步阶段，各种条件自然艰苦一些，但是门槛也会低一些。我们在那里留下来，那里将是我们进入一个行业、一个领域、一个圈子的切入点。认识到这一点，对我们的人生发展至关重要。

尽管我们入职的公司不是很理想，工作环境很糟糕，但是我们必须认识到，自己已经跨入了拥有巨大发展潜力和空间的圈子！只要我们在这个圈子好好努力，经营自己的关系，相信有一天，在这个圈子里会有我们梦想的位置！

进入一个圈子，没有任何发展机会时，就给自己定下一个目标，锁定这个圈子里的一个位置，通过做好身边的每件小事、琐事，凡事都能做到让委托人感动甚至感激，好好经营好自己，证明自己，进而让圈子里更多的人知道，自己是可以信赖的人。还有，我们工作时不要只把目光盯在自己的办公桌上，而是要把目光放到整个单位甚至整个行业当中去，培养自己的预见力和整合力。

最后，在想取得发展的行业里，不论我们处于这个行业的哪一个环节，都要珍惜自己的每一天，珍惜自己遇到的每一个人，做好自己承接的每一件事！

下面提供几个进入某一圈子的最简单的办法：

1. 选择对这个行业有重大影响力的教授，考他的研究生或者博士生，利用导师的关系进入这个圈子。

2. 利用招聘的机会，进入处于该行业某一环节的公司工作。

3. 利用网络，寻找这个圈子的工作人员的 QQ 群。

4. 尝试做这个圈子相关行业的外包工作，主动推荐自己的服务。

5. 参与该行业里各种培训班，结识那个行业里的人，并积极推荐自己。

7. 我们要做一生的行者

王君，北漂族，自由撰稿人，这几年一直为我供稿。他的书稿谈不上有多好，也说不上有多糟，能达到出版要求，但出版后销量普遍一般。

王君大学毕业后，便来北京找工作。几年间，他进入几个不同的行业，换过十几种工作，少则半个月，多则一年。他做过酒店办公室文秘、IT公司的库管、贸易公司的销售、文化公司的编辑。

他做文化公司的编辑，纯属误打误撞。他失业后，在网上海投简历，有一家文化公司让他去面试，然后他就去上班了。

这个工作，说是编辑，其实就是攒书稿。所谓攒书稿，就是根据一个选题的需要，在相关书籍或者网络中，摘抄与之有关的文章，将其组织在一起，最后形成书稿。

这种工作，举个例子来说，老板要砌一堵墙，编辑便四处寻找砖头，可以到别人的墙上去拆，或者到别人的窑里偷，或者到垃圾堆里捡。实在找不到砖头，便用石头、朽木、泥块充数。

然后，编辑按照老板的要求，把这些东西胡乱地码成墙的样子。可想而知，一道由伪瓦匠用烂砖头砌成的墙，肯定是既不美观，又无质量保证。

王君在文化公司做了一年多，自认为熟悉了出版流程，便辞职回家，做职业撰稿人。他认为，这个职业，一是自由，二是有奔头。

万一日后哪本书畅销，他便步入畅销书作家行列，收入要比打工高得多。

这三年来，我一直审读王君的稿子。让我最大的困惑是，我在每一部稿子中，看不到他任何一点进步。无论思想境界还是文字功力，依然停留在三年前水平。最大的问题是，他认为自己写得还不错。

现在王君每年能赚三万左右的稿费，这是他一年的收入。他是不善于学习、总结、思考的人。这对于撰稿人来说，是致命的缺点。

我曾经委婉地向王君建议，让他放弃这种看上去风光，实则是重体力、重脑力、收入微薄的工作，像以前那样，尝试去做其他工作。撰稿这种工作，无论他做多久，也只能是一个文字匠人，而不会成为真正的作家。

王君拒绝了我的建议。理由是，他这几年接触的人，全部和图书有关。除了撰稿，他不知道自己还能做什么。

王君这样，我又何尝不是这样呢？在这家出版机构，我已经做了10年。因为滥做，所以出版业已经被做滥；因为制度制于人，我只能违心地编辑出版一些文字垃圾；因为坚持自己做人的底线，不愿意同流合污，几年中我渐渐沦为单位的边缘人。

这是我理想的工作平台吗？不是！这是我想要的生活吗？也不是！收入高吗？和其他行业相比，编辑的收入实在可怜。但是，我却一边痛恨着，一边违心地和自己讨厌的人做着毫无价值的工作。

王君除了撰稿，其他工作不能做吗？未必！除了编辑，其他工作我就不能做吗？也未必！但我们明知道这块土地已经非常贫瘠，却为什么还苦苦地坚守着？原因只有一个，因为我们对此适应而不想离开，即便过得不好不坏，做得不明不白！

通过王君这面镜子，我看清了自己。于是，我把自己大部分精力放在写作上。原因有三：一、写作，是我最喜欢的工作。在写作的过程中，我是愉悦的；二、在内地，包括在海外，有一部分人喜欢我的文字。为了这些人，我也应该写作；三、我能为自己写下的每个字负责，并以此为乐。

如果我们已经处在生存之上，生活之下，我们就应该做点自己想做的事情。

自跨过生命之门那一刻起，我们就注定要成为行者，离开母亲的怀抱，终生寻找，寻找所谓的幸福和快乐、财富和地位。以寻找为快乐，以获得为自豪。一生寻找，寻找一生，在不知不觉中，便耗尽我们有限的生命。

用一生去寻找、用一生去证明，才是我们的生活常态。但是，在人生的曲线上，我们会在某一点驻足，并构建以自己名字命名的坚固堡垒。在那个堡垒里，我们和熟悉的人生活，做我们熟悉的事。

这样的堡垒，是我们从上学到上班过程中，辛苦奋斗的结果，象征我们的工作、生活、收入、社交处于一种稳定状态。我们打造这样的堡垒，也许是为了存放自己的行囊，也许是为了堡垒周围熟悉的人。这个无形的堡垒，使我们渐渐地忘记了自己的行者角色、最初出发的目的，最终沦为这座堡垒的忠诚守望者。

这座堡垒，是我们自己构建的，但不一定是我们喜欢的，有时甚至是厌恶的。但是，一种熟悉，一种惯性的重复，一种没有生机的稳定，使我们丧失前行的欲望和锐气。即使我们在堡垒里过得很不舒服，也会不断地委屈自己、调整自己，以适应堡垒、堡垒周围人群的需要。

世界上根本没有坚不可破的堡垒。我们为了并不如意的安全，为了比上不足比下有余的生活，为了一种贫瘠的稳定，挖空心思地维护着里面无比潮湿，甚至已经发霉的堡垒，只是为了不再前行。

一旦处于这样的堡垒之中，夜深人静时，就应该反思一下，我们的人生，到底是不断收获，还是不断放弃的过程。收获有收获的道理，放弃有放弃的哲学。这座堡垒，是我们的收获。我们付出了什么样的代价，换来这笔收获呢？付出代价，是不是一种放弃？肯定是。

也许，人生就是不断放弃不断收获的简单重复。没有放弃就不会有收获，没有收获就不会有放弃可言。但是，人生的终点，肯定是一个彻底的放弃，放弃一生的收获。从结果看，我们一生都是在为一次彻底放弃奋斗着。事实上，我们都在不断地追求、攫取、收获，甚至是豪夺，从不愿意主动放弃。这样做，难道我们是为了人生终点一次性放弃更多？好像也不是。

我们不知道放弃了什么才获得生命，这是个大课题。在孩提时代，我们能做真实的自己，会毫不犹豫地表达自己的需要、情感和感受。随着我们收获成长、成熟，收获各种游戏规则，便放弃了真实的自己，做别人需要的人，或者做满足别人需要的事。

当我们收获了一定数量的财富，拥有了一定的社会地位，便一头钻进收获来的堡垒不再出来。我们把自己视为堡垒的主人，对这个堡垒潜心经营，精心修葺，百般呵护，还为自己能拥有这座堡垒洋洋自得。

并不是这座堡垒有多好，而是我们不愿再一次寻找。这时，我们最担心的，就是空中那些飞来飞去的各种名目的大锤，会砸坏我们蜗居的堡垒。

天空中，各种无名飞锤无处不在，无时不在。有别人抛起的，也有我们发射的。如果我们运气差，那些有名无名的飞锤，会不停地砸在我们的堡垒上，一锤接一锤，一锤比一锤重，目的就是砸烂堡垒，让我们身无藏处。

我们会习惯性地挖空心思，想尽办法，甚至做出牺牲阻止锤击，仅仅是担心堡垒破了，我们失去稳定，成为没有保障、支持、合作的流浪者。

做出这样的自我牺牲，或者甘心沦为别人的祭品，并不是我们的堡垒有多好，而是我们错误地认为，有堡垒总比没有堡垒强，或者不相信自己能再次获得更好的堡垒。

其实，这种担心是多余的。世界上没有最好的堡垒，但更好的堡垒比比皆是，也许下一个更好的堡垒就在不远处，只不过不在我们的视线之内。任何一种放弃中，都孕育着一次收获，只要我们坦然地前行。要想收获更好的，只有先放弃附加在身上的各种琐碎。

无论主动还是被动的放弃，都不值得悲哀，而是应该庆幸。不要把逼迫我们放弃的人当作敌人，他们只是披着兽皮的使者，赠送我们新的开始，不一样的生活。

作为普通人，我们没有富豪们的高瞻远瞩，没有伟人们的预见能力，但是，当飞锤猛砸坟墓般的堡垒时，我们根本没必要拼死维护。那些飞锤，是上帝的一个点醒，而不是一次剥夺。继续前行，前边的风景独好。

如果我们对这座堡垒不满意，就任飞锤猛击吧，直到类似坟墓般的堡垒在眼前轰然坍塌。然后，我们掸掸身上的尘土，向过去挥一挥手，做一个毫无牵挂的行者，走上人生新的旅程。

任何一个智者，都是善于主动放弃的人。不放弃奴隶的一日三餐，就不会拥有奴隶主桌上的美酒和牛排。我们不舍得脖子上的废铜烂铁，就不会成为拥有自由的人。

第四章

世风如此剽悍，咱们就别再愚蠢

这个世界只有圆滑，没有圆满。

认识自己，降服自己，改变自己，才能改变世界。

当你知道世界很糟糕时，并不可怜。糟糕的是，你在糟糕的世界总期待别人可怜。

狂妄的人有救，自卑的人没救。

1. 如何推倒人生的第一张多米诺骨牌

我们要想出人头地，确实需要机会和平台。没有平台和机会，我们即便是蛟龙也得盘着，是猛虎也得卧着，和普通的家禽家畜没什么区别。

所以，从我们步入社会的第一天起，就应该弄清楚以下八个问题：

1. 我们想做什么？
2. 我们现在能做什么？
3. 父母能给我们什么？
4. 我们现在的优势是什么
5. 我们现在最大的劣势是什么？
6. 我们现在的处境是什么？
7. 现在的环境能不能提供我们需要的机会？
8. 什么样的环境能提供给我们需要的机会？

高中毕业时，我们幼稚地认为只要考上好大学，就能改变自己和家庭的现状。可是大学毕业以后，我们才明白，并不是有知识有文化就能找到满意的工作。有太多令人羡慕的工作，我们并不能做；即使我们有能力做，也没有机会去做。

这时，我们好像什么都能做，又好像什么都不能做。我们在大学里学到的东西，仿佛突然间一文不值。除了一张文凭以外，我们在很多方面都不符合招聘公司的要求。

这时，我们觉得自己缺的就是一个机会，一个平台，而自己因为没有关系没有背景，拼死拼活也得不到这样的机会、这样的平台。

这时候，是我们最茫然、最失落、最无助的时候，也是最难找到自己在社会上的位置的时候。由于我们给自己的定位不准，就很容易把自己的失败原因归咎于社会、时代和别人。几经挫折、拒绝、打击和失意，我们开始怀疑自己，怀疑社会，甚至仇恨社会，为自己的堕落找借口。

只要我们还卧在社会底层，还在望房兴叹，无论我们找到多么令人信服的借口，都是把我们自己送进地狱的台阶。

只要还没有得到我们想要的，任何放弃努力的理由和借口都不成立！精力最旺盛、体力最充沛的时候，我们不去为改变命运做准备，生活的惯性就会让我们在不知不觉中接受命运。习惯接受一切，忍耐一切。

我们应该知道，找准自己在社会上和时代中的位置，会让我们坦然接受现实中的那些无奈，让我们心无旁骛地准备改变，冷静地思考并提醒自己，现在的一切并不是自己想要的。

初入社会时，我们可以做几件傻事，甚至可以做几件错事。但是傻事错事做过之后，我们就要及时调整自己，为自己的人生目标去努力。不论遇到什么，我们都不能轻易否定自己，轻易怀疑自己。当然，前提是我们要确认自己的选择是正确的。

心中一旦有了目标，我们就必须学会审视自己现有的一切。因为这一切，是可以决定我们人生的。

父母能给我们提供机会和平台，那当然很好；如果不能，我们没必要埋怨，因为埋怨也无济于事，只能让我们伤心伤神。

我们暂时不能做什么，别人接不接受我们都无所谓，初入社会只是我们学习的开始。最主要的，我们一定要明白，自己所在的环境、所在的行业，能不能提供与实现我们人生终极目标相匹配的机会。如果没有，我们必须知道哪里有，哪个行业有。

我们来到社会上，最忌讳的是找不准自己的位置，好高骛远，眼高手低。找工作时盯着待遇和环境，最后只能导致我们处处碰壁，自尊和信心都受到打击。

有高起点，我们的发展就会获得高速度。但如果没有高起点，只要我们找准自己的位置，在那个位置上做好准备，也会获得不错的开始。所以，在我们第一次找工作时，首先要确定自己对工作的八点要求：

1. 是否能让你发挥自身优势，或者能帮助你弥补致命的劣势。

2. 是否允许你犯错，还能指导你永远不再犯同样的错。

3. 如果你再一次选择工作，此次的工作经历是否能为你的履历加分。

4. 是否有一个相对简单的人际关系让你专心去做事。

5. 是否能让你保持工作激情并勇于向未知挑战。

6. 是否让你学到可以赚钱的过硬本领。

7. 是否通过这份工作积累行业人脉，并学会与他人打交道的方式。

8. 工作氛围是否让你舒服，是否能让你感觉获得应有的尊重以及心灵的自由。

我们人生中的第一份工作，并不是简单的过渡和跳板，而是我们在尝试以新的方式去学习处理问题的方法，学习用新的思路处理人际关系，培养我们的职业道德和敬业精神，还会帮助我们获得很多对工作的理解和认识。这些对我们将来的人生走势都会产生深远的影响。所以，我们一定要重视自己的第一份工作，因为它就是我们人生中的第一张成功多米诺骨牌。

我们人生中的第一张成功多米诺骨牌应该是什么呢？

与我们所学专业对口，或者兴趣对口的工作；我们最喜欢、或者即使我们不喜欢但有很大发展空间的工作，都有可能成为我们成功的第一张多米诺骨牌。

对于初入职场的我们来说，成功就是找到并推倒自己事业上的第一张多米诺骨牌。那些已经成功的人，之所以做什么都很简单，赚钱很容易，就是因为他们已经推倒了第一张多米诺骨牌，而我们看到的，仅仅是他成功链条上倒下的第 N 张或者第 N+1 张骨牌。

我们看不到他的第一张骨牌，原因是那时他还没有成功；而当他推倒第一张多米诺骨牌获得成功之后，我们才开始知道他，关注他。所以对于想获得成功的我们来说，能否推倒第一张成功的多米诺骨牌是至关重要的。很多人一辈子都想有所成就，却往往忙碌一生无所作为，就是因为他们从来就没有推倒过终极人生中第一块成功的多米诺骨牌。

第一块成功的多米诺骨牌在什么地方？我们怎样才能推倒它呢？

我们的第一块多米诺骨牌都是一样的，就是我们最感兴趣的事情，或者我们最想做的事情。当然，这样的事情绝对不是仅仅完成一项工作那么简单，它应该是我们事业的开始。我们一定要为做好这件事情做充分的准备、长时间精细的准备，然后争取一举做成就可以了。

在我们还不知道自己能否做成的时候，就必须时刻关注这张骨牌，等到我们准备得足够充分了，再推倒它。推倒第一张骨牌，有时只需轻轻一点，有时只需短短一秒，但我们可能要为此积蓄几年、十几年甚至几十年的力量！

手无寸铁的我们，现在能做的就是选好自己的多米诺骨牌，然后为推倒这张骨牌积蓄力量。如果不这样做，我们真的有可能一辈子趴在生活的最底层，还要累及我们的子孙后代！

2. 明确自己的优势是什么

在讨论这个话题之前，我们必须明确以下三点：

1. 任何人都有自己的优势。

2. 任何人，只要在恰当的时间、恰当的地点，充分发挥自己的优势，就能改变自己的生活，甚至是改变命运。

3. 自己的成功方法在于最大限度地发挥优势，而不是弥补自己的短板。

按照以上的逻辑，每个人都能成功。事实上，能在某个领域获得成功的人，可以说是凤毛麟角，少之又少。我们当中的绝大多数人，时时处处都处于劣势状态，似乎我们对这个社会、这个时代无可奈何无能为力，不得不为了自己、家人的生计奔波劳碌。

既然每个人都有自己的优势，为什么我们自己不知道呢？还有比我们更了解自己的人吗？当然没有。长大成人之后，如果说我们一点都不了解自己，鬼都不信。但是，我们都了解自己什么呢？往往是自己的弱点、缺点和不足。在人生的大部分时间里，我们做的最多的工作，恐怕就是通过各种手段弥补自己的短板，却忽视了自身的优势，更没有彻底发挥出自己的优势。

我们这样做，是因为身边的人习惯盯住我们身上的短板，不断地提醒我们，导致我们认为自己所有的厄运，均由其导致。譬如我们学历比较低，找不到好工作，我们便会想尽各种办法提高自己的学历。

我们弥补自己的短板，往往是因为在不适合自己的地方，为了满足并不适合自己发挥优势的要求，强迫自己去学习，去考各种各样的资格证书，去改变自己做人的原则，甚至是阉割自己的优势。这样的人，在公司里只能是一名员工，不可能是一名优秀的员工，更不可能独自做一番事业。

我们为什么会犯这样的错误呢？因为在小时候，追求完美的父母，目光一直集中在我们的缺点和弱点上，强调的是我们应该掌握这个，应该补充那个，总拿我们的缺点和其他孩子的优点相比较；在学校里老师也是这样，只要我们不是足够优秀，他们就能在我们身上找到值得批评教育的地方。

比较，习惯拿自己的劣势和别人的优势比较，总觉得自己一无是处。用自己的劣势去做事，惨遭失败，就全面否定自己。这是在我们生活中经常发生的事情。在朋友和亲人面前，生活落魄的我们常常会这样抱怨："唉，和别人相比，我什么优势也没有。""人家什么学历啊，什么背景啊。"

在声声抱怨中，在亲朋好友的毫无价值的安慰中，我们逐渐丧失了工作和生活的信心。

自身硬件均没有明显优势的我们，步入社会之后，要想出人头地，就必须要完成多种转变和适应，并且充分发挥自身的优势。我们拿自己的短板与别人的优势战斗，结果非死即残。即便我们想与时代死磕，也得用肘部或膝盖，而不能用脸蛋或睾丸去磕。

在人生前二十多年中，我们都是被父母、老师安排着，应该做这个，不应该做那个。我们就像一个木偶被多只手操纵着。那时我们深刻感受到依赖别人、不能独立的痛苦和无奈，感觉自己就是实现他们未曾实现理想的载体，是他们生命的重新延续。

走入社会，父母因自身能力有限，对我们的需要或有心无力，或爱莫能助，或鞭长莫及，总之对我们干涉就不那么多了。但是，面对要比学校复杂多倍的社会，我们似乎来到了另一个世界。这个世界仿佛就是简单的"关系"社会，有关系就有优势。曾经非常痛恨被管的我们，这时候却希望有人管管我们，给我们安排一条宽阔平坦的路，管管我们的衣食住行吃喝拉撒。但是，社会资源掌握在少数人手里，在市场经济时代的大背景下，像我们这样没有资源、没有关系的人，只能漂到市场上碰运气。

市场风云变幻。优势越显著的人就越有机会，越受人青睐；越没有优势的人越遭到冷遇，直至被淘汰。别人的成功和自己的倒霉，让我们心理失衡。我们对各个行业都是一无所知，大学里学的知识似乎百无一用。在我们看来，每个行业里似乎什么都缺，就是不缺人。

读书的时候，我们对“干一行，爱一行；干得痛苦，爱得艰难”那种人、那种生活状态嗤之以鼻，瞧他不起看他不上。我们觉得作为一个有血性的人，应该爱哪行干哪行。事到临头才发现，我们根本不知道自己到底爱哪行，更不知道自己适合干哪行！

我们不知道自己在哪一方面有优势，不知道自己在哪个行业能干出名堂来，这是为什么呢？是因为我们过多地关注自身劣势，而没有认真发掘自身的优势；过多地考虑自己如何去适应工作，却很少考虑自己适合什么样的工作。

因为没经验、没人脉，获得的支持少，在陌生的领域里，我们开始做事时很难获得成功。我们刚上班时，很难取得领导、同事的信任和支持，对工作感到无从下手，四处碰壁，忙不到点子上，好心没办好事，这样就影响了我们的心态和情绪，自信心在一次次打击与否定中逐渐丧失。

我们真的像自己想象的那样无能、无用吗？绝对不是，宝贝放错了地方就是一件废物。在我们决定做什么工作的时候，还是要了解自己的优势。

生活的真正悲剧并不在于我们没有明显的优势，而在于我们未能发掘并运用自己拥有的优势。

我们都是社会棋盘上的棋子。我们可能是车，可能是马，还可能是炮，甚至只是一个小卒。我们是什么不要紧，只要把自己放在合适的位置上，同样具有强大的杀伤力。

天生我材必有用。我们都有属于自己的独特才能。我们对什么都感兴趣，是才干；征服欲望强烈，是才干；认真仔细，是才干；忠厚老实，是才干。更不用说聪明好学、知识渊博、机智勇敢、幽默风趣、吃苦耐劳了。总之，我们身上肯定存在着某种才干，这种才干的外在表现形式就是我们身上最突出的特点。

我们找到了自己的特点，也就知道了自己有什么特殊的才干，剩下的就应该思考怎样把才干转化成优势了。我们只有把自己的才干转化成优势，才能依靠自己的优势实现自己的梦想。

我们具体应该怎么做呢？注意以下几点：

1. 非常准确地评估自己，在一张纸上写出自己的特点，也就是自己的特殊才干。

2. 在几种才干中，选出自己认为最有利用价值的一种。

3. 针对选出来的那种才干，配以必要的技能和知识，并寻找需要自己所具备的才干的岗位，进行强化训练和补充，使其成为能代表你的标志。

4. 如果一下子找不到与这种才干匹配的岗位，也要在工作之余利用任何机会去引导、培养、展示和证明，让更多的人知道你有这种与众不同的优势。

5. 一旦得到与自己优势相符的职位，就应该把握住所有机会，把自己的才干转化成能够压倒对手的优势，使自己成为这个职位上不可替代的人选。

我们还很年轻，未来的路还很长，别轻易断定自己没有优势。我们没有，是因为我们的优势还没有被自己开发、培养和利用。

千里马立大功，成大业，离不开伯乐，但是，能不能成为千里马，却在千里马自己。

站在高手如林的社会上，如果我们自己都说不行，别人谁还敢厚着脸皮使用我们？

3. 必须培养预见能力

好多事情，不是我们做不到，而是没有在最恰当的时间去做；好多绝佳的投资机会，我们并不是没有实力去投资，而是在看到别人大把赚钱的时候，才想起质问自己当初为什么那么傻。

中国的楼市和股市，造就了一大批百万、千万甚至是亿万富翁。似乎在一年之内，甚至在几个月之间，他们的个人资产成几何级井喷状增长。看见有人在此获利，又有大批的人和资金涌入楼市和股市，导致全民炒股，地产烫手。遗憾的是，时过境迁，股市和楼市不再是傻子都能挖到金子的金山。对一些人来说，买房子把自己买成了房东，炒股把自己炒成了股东。

对于屡屡错失良机这件事，我们每个人都会有捶胸顿足般的感触。高考的时候，挤破了脑袋，拼了小命，我们好不容易考上了某个大学的某个热门专业，傻瓜似的辛辛苦苦学四年才知道，那些专业已经成为屠龙术。即使我们学得再精湛，就是找不到龙。

别人考上研究生，进入名企获得高薪工作；而我们拿到硕士文凭后，却发现企事业单位已经对研究生挑三拣四不以为然，而与我们一起上大学、本科毕业参加工作的人，已经处在很不错的位置拿几十万元的年薪了。

为什么幸运的人总是幸运，倒霉的人总是倒霉呢？我们出身草根阶层，有理想有抱负，能吃苦能战斗，就是运气欠佳。我们一直很忙，却忙不到点子上；我们一直很累，赚到的钱仅仅勉强糊口。

想想自己，不是没知识，不是不勤奋，但总是哪一趟末班车都赶不上，却成了埋单的倒霉蛋。假如上帝存在的话，那么我们也是让上帝看着眼圈发青的人。他一直微笑着对我们说“NO”！

其实幸运的人与倒霉的人，穷人与富人，差别不是有没有机会，而是能不能准确地把握住机会。任何一种机会出现的时候，是属于每个人的，谁都可以得到。在机会面前，幸运的人比倒霉的人、富人比穷人，只是多想了一点点，前者就成为机会的宠儿。

他们多想这一点点怎么来的？来自他们准确的预见能力！

在课堂上和职场中，我们可以获得很多知识和经验。遗憾的是，却从来没有人教我们学会如何获得这种关系到人生成败、决定和改变自己命运的预见能力。如果我们没有预见能力，必然不会主动为自己的明天做充分的准备，也不会抓住等待多年却与自己擦肩而过的机会。等到别人做成的时候，我们已经陷入被动的地步。

每年每天每时每刻，社会都在不断地变化，都有许多事情发生。这些变化的出现和事情的发生，绝对不是偶然的，它有必然的一面。如果我们能在身边的变化中处于主动的位置，就能使自己永远立于不败之地。

这就需要不满足当下生活状态的我们，积极主动地培养自己的预见能力，从而使自己对身边的事情做到先知先觉。在事情没有发生之前，我们能多想一点，多做一点。

如果我们现在身处弱势群体中，对未来还不能做准确的预见，不能比别人多想到一点点，最后肯定还是要受穷落后的。

预见能力不是一种特异功能，也不是与生俱来的能力，它仅仅是我们在生活中的感知能力、总结能力、判断能力的综合体现而已。我们完全可以通过在生活和工作中不断地磨练和培养，让自己拥有这种能力。

能做成一件事，我们必须全身心投入，用心琢磨，用脑思考。

预见能力的培养也是如此。下面就是专家提供的十种培养预见能力的方法，仅供参考。

1. 对自己想做的事情高度关注

我们肯定有自己非常想做成的一件或者几件事情，只是现在自己缺少实力和机会，只能等待。

等待，绝对不是我们什么都不做，机械死板地傻等苦等，而是高度关注那些做成此类事的人、在此类事上失败的人，分析他们成功与失败的原因。同时，对所有与此事相关的任何消息都不能错过。这样，我们才会知道自己应该做什么样的准备，等待什么样的时机。

如果我们只是想做而已，并不对想做的事情时时留意、处处关心，我们就会对不断变化的事一无所知，不可能有准确的预见。

2. 如果不知道自己做什么合适，就要善于观察

世上无难事，只怕有心人。我们身边的事情是不断变化和更新的，大到世界时局，国家政策，小到街头流行物品，新的必然要来，旧的肯定要去。在这一来一去的过程中，我们只要用心去感悟，就会发现成功的机会从不缺席。我们改变命运，也许只需要一年、一个月、一个机会就可以。

3. 寻找事物之间的共同性和差异性

世界上任何事物都不是孤立存在的，它们之间总是存在着直接或间接的关系，并有共同性和差异性。

平常之中有异常的存在，偶然之中存在着必然。阴盛阳衰，物极必反。在我们细心比较之中，就知道什么该结束，什么该开始。

4. 对自己的能力高度自信

如果我们对自己的能力不够自信，就必然导致我们什么事情都不敢做，对想做的事只是想想而已。我们一旦对一切充满怀疑、失望，必然导致自己精神颓废，万念俱焚，与外界绝缘，不与外界发生反应。

我们成为惰性化学品，加入任何催化剂都不起反应，还谈什么

预见呢？

5．运用乘法思考

我们对一件事情关注久了，知道得多了，掌握了发展规律，就在不知不觉中，对即将发生的事情有了属于自己的预见。这是水到渠成的事。

记住这个公式：已知的情况＋新出现的事态＝预见的结果。

6．关注别人的需要

别人的需要，就是我们成功的机会。我们知道别人需要什么，需要什么样的，需要多少，怎么做才能满足他们的需要，便能预见自己应该做什么，应该怎么做。

任何需要都是我们预见的前因。不知道别人需要什么，那么任何预见都是纸上谈兵。

7．利用好自己的逆境

任何人、任何事，都不会一帆风顺，从开始到结束都会充满无数变数。我们非常害怕自己会身处逆境，其实没有必要。逆境更有利于我们思考过去，总结身陷逆境的原因，甚至是自身的弱点，对手的优势和短板。

我们遭遇一次逆境，就是一次培养自己预见能力的机会。

8．吸取别人的失败教训

好多事情我们未必做过，没有任何经验。但是，做过此类事情的人，是成功和失败的典型例子，我们要好好研究他们的成功和失败的必然性，并结合现在自己的实际情况，进行巧妙地嫁接和借鉴，就会增加自己预见的能力。

吃一堑，长一智。这一堑未必非得我们自己吃，但这一智还是要我们自己长的。我们经历虽然少，但智不一定不多。有智，自然能增长自己的预见能力。

9．保持良好的精神状态和充沛的体力

我们对事物的机敏程度、反应是否迅速，和我们的精神、身体的状态有直接关系。我们身体健康，精神饱满，思维就会一直处于非常活跃的状态，对信息反应强烈，处理迅速，能多角度、多层次地分析问题。

10. 多和专家接触

在某一方面拥有专业知识的专家，他们对自己研究范围内的问题，必然会有独到的见解。我们多和他们接触，从他们那里简捷地获得自己需要的知识。闻君一席话，胜读十年书。很多我们百思不解的问题，经过专家略微点拨，就会让我们顿悟。

4. 让优秀成为一种习惯

公司招聘一批同一大学同一专业的毕业生，把他们分配到相同或者不同的岗位工作。他们入职公司时，起点基本是一样的，都是职场菜鸟，都没有工作经验。但是几年之后，这些人在公司的位置却会发生巨大变化，有的人进入了公司的管理层，有的人成为不可代替的业务骨干，而有的人则被淘汰出局。

他们具有相同的教育背景，同在一个平台上工作，拥有同样的发展空间和机会，为什么结果却大不相同?

原因很简单，在入职公司的最初，他们追求的目标就是不一样的，锁定的职位也不一样。追求的目标和锁定的职位不同，必然决定他们的努力程度和工作价值取向不同，最终会体现在公司提供给他们的职位差异和待遇上。

对失败的人来说，他们的思维习惯和价值取向是不同的；但对于优秀的人来说，他们的思维习惯和价值取向却是相同的。

优秀的员工，在入职公司之初，就已经下决心成为公司里最优秀的员工，并时刻用最高标准严格要求自己，每项工作无论大小、轻重缓急，都会尽他们最大努力做到最好，进而形成了终生受益的好习惯，好心态。

优秀员工的好习惯和好心态一旦形成，便让他们拥有了良好的职业道德和职业操守。这些高级职业素养，不会因为他们在公司所处的位置、所坐的位子的变化而改变。

有一家公司花重金聘请培训师对员工进行培训。在培训之前，富有经验的培训师和经理打赌说："不用做任何介绍，通过我的培训课程，三天之内我就可以了解贵公司员工的职业素养和工作态度，知道他们中间谁是最优秀的。"

培训结束后，培训师立即说出了他的判断。让经理惊奇的是，他说得一点都不错。

培训师解释说："优秀的员工，他们的精神状态和个人气场、对任何一件事情持有的激情和态度、做事的方法和考虑问题的角度都是不同的，哪怕这些事情并不在他们的职责范围之内。在各个方面，他们都能呈现出出类拔萃的特点。对他们来说，优秀已经是一种习惯。他们耻于平凡，因此他们总能想出更好的方法，让自己做到最好。他们在乎过程，更注重结果。无论到了哪里，无论做什么事情，他们都属于最优秀的人。他们永远与众不同。"

优秀的员工，首要的特点就是具有强烈的责任感、使命感和荣誉感。无论在公司内部还是面对竞争对手，他们都保持着强烈的进取精神，相信自己能解决任何问题，并且敢于为结果负责。他们为自己制订的工作目标总比别人要更高一些，并且想办法实现在常人看来绝不可能实现的目标。即使面临困难，他们也会充分发挥出自己的想象力和创造力，用最简单实用的方法解决困难。长此以往，他们的思维更活跃，解决问题的经验更多，能力在无形中得到提高。

当一个员工认为自己是优秀的，并能在实际生活和工作中持续保持优秀的位置，也就形成了优秀的习惯。当优秀成为习惯的时候，作为员工，想不优秀都难。

好胜心人皆有之，但是能保持好胜心并落实到自己的行动上，做出超越所有同事的成绩，却不是所有人都能做到的。更多的人只是甘于平凡，他们习惯按照既定的工作程序走下去，习惯默默无闻的工作，习惯接受别人比自己优秀。更重要的是，他们已经不习惯成为别人关注的焦点，不喜欢走在众人的前面。所以，他们常常为自己的平庸找理由，拒绝优秀，甚至觉得优秀不安全。这已经成为他们的思维中的枷锁，把自己囚禁于平庸的状态之中，与优秀彻底绝缘。

很多世界知名的大公司，在录用新人的时候，都有一条不成文的规定：只录用重点大学的毕业生。为什么？原因很简单，重点大学的毕业生，也许他们并不是公司需要的专业人才，但他们一定是优秀中学里最优秀的学生。他们已经习惯于优秀，习惯打破常规去判断问题和解决问题，以此来体现自己的优秀，所以，他们可能是最具有创新能力的人才，可能为公司创造最大的效益。

当下的时代，是呼唤创新、呼唤优秀的时代。一家自认为平凡并且甘于平凡的公司，在激烈的市场竞争中，也同样会处于被淘汰的位置。我们一旦自认为平凡并且甘于平凡，就会永远没有出人头地的可能。我们要想维护自己在职场中的位置，不复制父辈被社会淘汰的命运，只能是把自己定位于卓越，并努力让自己做到最好，争取成为最优秀的人。

我们也许会认为，我们做到一时优秀很容易，但是要一直保持优秀就相当困难，需要付出超出普通人十倍百倍的努力。其实这是一种误解。优秀是一种可以培养的能力，一种一以贯之的工作习惯，一种准确客观的自我职业定位。当我们把优秀当成自己生活的一部分，当成理所当然的工作和生活态度时，优秀就会变得极其自然和简单。它可能只意味着把一件产品做到更好，把一天的工作量超额完成，把一项工作计划认真贯彻下去，把一笔定单顺利谈成。当我们很自然很轻松的做到这些时，优秀便会不请自来。

看看我们身边的那些优秀人物，他们总能够创造出常人无法想象的成绩，总能成为引人注目的焦点。他们的一举一动、一言一行也似乎具有让人难以抗拒的魔力。他们也因此获得了更多的荣誉、更多的掌声和更多的财富。

他们可能是我们的领导，也可能是我们的同事，既然他们已经取得了如此多的成就，那么他们身上一定有过人之处，具备我们所没有的优点和习惯。也许我们也一直在努力，却始终没有获得应有的荣誉和成绩，没有人认为我们是优秀的。既然如此，我们为什么不去认真观察和学习他们呢？为什么不虚心向他们请教解决问题的方法呢？为什么不用他们优秀的习惯代替我们那些相对不好的习惯呢？观察别人工作和生活中的好习惯，也是能让我们变得优秀的习惯之一。当我们把他们成功的经验、良好的习惯移植到自己身上，我们也一定会变得更优秀！

其实，在这个世界上，我们时刻会面对一个不太具体的竞争对手，它就是我们的努力本来可以达到的程度。也就是说，我们每天都在与自己的潜力进行竞争。而大多数人，都没能完全发挥出自己应有的潜力，在很多方面都没有做到最好。

在每天结束之际，我们都要击败很多对手竞争者。这些隐形的对手试图压制我们的潜能，它们就是平庸、甘于平凡、得过且过的心态。尽管这些对手不一定会影响我们晋升，或减少公司的市场份额，但却必然会降低我们工作的质量，削弱我们可能从工作中获得的满足感。

让自己变得更优秀吧，作为穷二代，我们别无选择。

5. 锁定一个目标奋力追求

我在《动物世界》节目中，曾经看到这样一个故事。

一只非洲猎豹屏声息气地隐藏在马拉河畔草丛之中，犀利的目光紧紧地盯着不远处的羚羊群，最后把一只未成年羚羊定为猎食目标，然后它匍匐前进，悄悄地向那只羚羊靠拢。

猎豹离羚羊群越来越近。感觉敏锐的羚羊，似乎意识到危险即将降临。它们竖起耳朵，辨别周围细微的动静。其中一只羚羊好像发现了不远处的猎豹，撒腿便跑，其他羚羊不加辨别地随之四处逃散。

猎豹依靠惊人的爆发力瞬间启动，高高跃起，像离弦之箭一样扑向羚羊群。令人奇怪的是，猎豹似乎与那只未成年的羚羊有杀父夺妻般的仇恨。那只羚羊以最快的速度拼命逃窜，非洲豹追得更快。在追与逃的过程中，猎豹与一只又一只羚羊擦肩而过，却没有掉头捕杀，而是只对那只未成年的羚羊紧追不舍，似乎执著到傻乎乎的地步。

我暗笑猎豹愚笨，它完全可以乘近在咫尺的羚羊不备时，突然掉头发动袭击，成功几率远远要大于捕杀舍命奔逃的羚羊。如果它追不上那一只，岂不错过这一群吗？

事实上，未成年羚羊的耐力、速度远不如猎豹。在彼此疯狂奔跑一段距离之后，猎豹追上了羚羊。猎豹一跃而起，把羚羊扑到在地，它咬住羚羊的喉咙，死死不放。经过短暂的挣扎之后，那只羚羊成为猎豹一顿丰盛的晚餐。

看来猎豹并没有我想得那么傻，它为什么确定自己一定能得到这顿晚餐呢？

这时，节目主持人用低沉的声音缓缓说道："在广袤的非洲大草原上，即使是凶猛的动物，对它们来说，捕食猎物都不是一件容易的事。多次失败的经历提醒它们，在捕食之前，都必须精心选择伏击地点，认真隐蔽自己，耐心等待猎物离它们最近的时机。

"它们在选择捕杀目标时，一定会选择那些幼小的、老弱的或者脱群的动物。一旦它们锁定猎食目标，就不会更改。因为它们懂得，追与逃的过程，就是消耗有限体力的过程。谁的体力先耗尽，谁就是失败者。

"猎豹知道自己的爆发力好，但耐力很差；羚羊虽然爆发力稍逊于它，但耐力却比它高出很多。猎豹追捕被锁定的羚羊时，短时间内彼此都会消耗掉很多体力。这时，它改变追击目标，放弃那只体力即将耗尽的羚羊，改追离它最近但体力充沛的羚羊，最后肯定是无果而终。"

看来，猎豹并没有那么傻！

经常计算得失的我们，有时候还真不如猎豹精明。

我们在步入社会时，因为不知道自己想做什么，能做什么，于是便盲目地跟着别人走。别人做成什么，我们就去做什么；觉得什么容易做成，我们就去做什么。

在我们当中，有的人做过很多行业，换过很多工作，不断地更换追求目标，结果不但一事无成，而且一文不名，一直活在追逐的路上。

当然可以说，年轻就是资本，经历就是财富。如果我们不经历多方面尝试，怎么知道自己适合做什么呢？这句话没有错。但是，世上任何一件事，要把它做到精致、极致，绝对不是像我们看上去那么简单。

能爬到金字塔塔顶的人，之所以寥寥无几，是因为攀爬者在攀爬之前，必须精心储备攀爬的知识和体能，掌握攀爬要领和技巧；在攀爬过程中，要有忍受孤独的意志、百折不饶矢志不渝的决心、每天前进一点点的耐心、不达塔顶不罢休的恒心，才有可能无限地接近塔顶。

我们当中的很多人，都有爬上塔顶的可能，只是我们朝三暮四、朝秦暮楚，漫无目的地在塔底跑来跑去，结果只能老死于塔底，默默无闻，凄凄惨惨。

有人说，人生贵在折腾。但是，我们的时间、精力、体力、心力、知识、技能都是有限的。我们总是东一榔头西一棒子，黑瞎子掰苞米一般，还能折腾几何？也许我们能做成几件事，但是做成和做到极致，结果是有天壤之别的。

在美国，有一个文学青年，名叫皮特，他立志要成为千万级畅销书作家。图书市场上哪类图书畅销，他就写哪类书。10 年中，他出版了 29 本书，囊括小说、心理自助、成功励志、生活技能等好多类别。遗憾的是，他的每本书发行量都很差，少的只有两千册左右。

皮特认为，他的作品之所以没有畅销，是因为出版商没有认真对待，或者宣传推广力度不够，或者自己的运气差一点。他相信，以他的创作速度，成为畅销书作家只是时间早晚的事。为了扩大知名度，他为自己制作了一张精美的名片，名片背面注明他的 29 本书的书名，逢人便给。

在一次出版盛会上，皮特趾高气扬，不可一世。他认为，能在 10 年中出版 29 本书的人，全美国也没有几位。可是，当一些出版商和作家看到他的名片后，并没有给予他高产作家应有的尊重。

这时，皮特注意到一个角落里，有几个知名出版公司的出版大佬，正围着一个老太太低声交谈着什么。他走过去递上自己的名片，并向老太太介绍自己。

老太太接过名片看了看，惊讶地说：“真了不起！你这么年轻，就出版了29本书，真是后生可畏啊！”

皮特面露得意之色，问道：“你也是作家吗？”

老太太说：“大家都这样叫我。”

“你出版过几本书呢？”

“一本！”

“啊？这么大年纪，你才出一本书？”皮特有点不屑。

“是啊！”

旁边一位知名出版商看不下去了，问皮特：“年轻人，你知道她写的那本书叫什么名字吗？”

“不知道！”他似乎也不想知道。

“《飘》，你没有理由不知道！”

原来，老太太是世界级著名作家玛格丽特·米切尔。

如果按照皮特现在的写作速度和态度，即使他再写290本书，总发行量、作品影响力、版税总和，也未必赶得上那本《飘》。

这个故事告诉我们一个深刻的道理：把一百件事做成，不如把一件事做精。

如果我们目前还仅仅是为了赚钱而赚钱，为了工作而工作，在行业内总是扮演跑龙套的炮灰角色，那么，我们现在就应该静下心来，认真审视一下自己的努力方向了。

有一句话说得很好：“我们现在在哪里并不重要，重要的是知道自己要去哪里，怎样达到。”现在，我们确定一个方向，然后精心准备自己的行囊，坚定不移地走下去。

我们必须像猎豹一样，一旦确定自己的目标，就不要再惦记其他体力充沛的羚羊，这样才能抓住被我们追得筋疲力尽的那只羚羊。

等到我们临近不惑之年，能抓住一只全羊，就比抓一把羊毛好得多。

6. 凡事都要争取一下

一位青年爱上了农夫的女儿。按照当地的风俗，只有女孩子的父母同意他们的婚事，他才能娶到心仪已久的女孩子为妻。于是，自认为还算优秀的他，来到农夫家里，说明来意，请农夫成全他们的婚事。

农夫上下打量这位青年，觉得他身材魁梧、英俊帅气，和自己的女儿很般配。唯一的遗憾就是这个青年目前还很穷。男人年轻时穷点不要紧，只要有事业心进取心，以后什么都会有的。于是，农夫决定考验一下这个年轻人。

农夫说："我对未来的女婿唯一的要求很简单，他必须是一个勇敢、果断、能把握住任何一个机会的人。你觉得你是吗?"

青年说："我是村里公认的聪明人，我自然能把握住任何一个出现在我面前的机会。请您放心，我会让您的女儿成为方圆百里最幸福的女人!"

农夫说："既然你是你们村里公认的聪明人，肯定会愿意接受任何考试。这样吧，年轻人，你站到我家牛圈的后门口，我要放出三头牛去牧场吃草，它们要从你身边经过。当三头牛从你身边经过时，你如果能抓住三头牛中任何一头牛的尾巴，就可以把我女儿娶回家。"

青年觉得这场考试太简单了，没想到这么容易就能娶到农夫的女儿，心里非常高兴，以一种志在必得的姿态接受了农夫的条件。

青年站在牛圈的后门口，做好准备，等待第一头牛出来。农夫把牛圈门打开，放出来第一头牛。这头牛和青年村里最强壮、最野蛮的牛一模一样，头上还长着长长的、尖尖的犄角。他曾经被村里那头牛顶伤过，现在身上还留着一道长长的疤痕。

看到这头牛，青年不由自主地想到自己被那头该死的牛顶伤的情景，那是他一辈子都忘不了的牛！面前这头牛是不是那头牛呢？体形、毛色都一样，也许就是那头野蛮的牛。上一次他只是从那头牛身边经过，就被它顶得浑身是血。如果现在去抓它的尾巴，它不把自己开膛破肚才怪呢！

青年想，即便把这头牛放过去，自己还有两次机会。只要自己能抓住一次机会，就能把心爱的女孩子娶回家。既然还有两次机会，这次冒险就太不值得了。于是他躲到一边，让这头牛顺利地经过牛圈的后门，跑进了牧场。

农夫放出第二头牛。那头牛并没有直接跑进牧场，而是站在牛圈的门口四处张望。青年看到这头牛，一下子傻了眼。天啊，这头牛比刚才那头牛足足大一圈，强壮得像一座小山。看上去它已经被关得非常暴躁，铃铛似的大眼睛闪着凶狠的光芒，四蹄在地上乱刨，泥土飞扬，嘴里还“哞哞”得不停吼叫，那声音让人听着就胆战心惊。

年轻人连想都没想，转身就跑。他担心已经失去控制的猛牛发现自己，立刻向自己冲过来。哦，谢天谢地，它并没有过来，而是跑进了牧场。看着远去的牛，青年才想起自己是来抓牛尾巴的。好在还有一次机会，这一次不论遇到什么样的牛，自己一定要抓住它的尾巴，否则就娶不到心爱的女孩了。

第三头牛是走出来的。青年看到这头牛，乐坏了，非常庆幸刚才没有那么冲动。这是一头瘦得皮包骨头、弱不禁风的小牛，走路都不停地摇晃，四条腿似乎已经支撑不了体重。青年大喊一声：“天助我也！”然后冲上去就抱住那头小病牛。小病牛吓呆了，一下子趴在地上一动不动。

青年伸手去抓牛尾巴。天啊，这竟然是一头没有尾巴的牛！

农夫从里面出来，说：“非常遗憾，我不可能把心爱的女儿交给一个只知道等待而不知道争取的人。现在你很穷，却不肯凡事争取。我现在可以断言，你这一辈子都不会富有。人生能把握的机会很多，但绝对不是下一个！”

球王贝利说他踢得最精彩的进球是下一个，那是因为他只要走上球场，站在前锋的位置上，就不会放过任何进球的机会，哪怕不是机会的机会。在他的眼里，足球是几秒钟的比赛，而不是九十分钟的比赛。

初入社会的我们，往往习惯性地认为自己还年轻，以后的时间还很多，机会还很多，于是便今朝有酒今朝醉，明天再说明天事；该放纵时就放纵，人生何处不相逢！遇到什么事情，连想都不想，就觉得自己不行；遇到一点困难，就觉得再多努力也无助，明天再说，下次再说，不断地放过、错过。

很多机会，人生只有一次。譬如高考，遇到一个好女孩，一个好的工作机会，一个可以给自己带来很多帮助的人……我们当时没把握住，就会成为我们终生的遗憾。

作为年轻人，我们总习惯走两个极端。一是盲目自大，把什么都不放在眼里，觉得任何人都不如自己；二是听风便是雨，像要过河的小马，觉得自己什么都做不了，什么都做不成。

我们走前一种极端，小事不愿意做，大事做不来，眼高手低，纸上谈兵。我们总认为自己只需要一个机会，就可以发大财，立大业，一举成名天下闻。于是我们看不起职位低的，瞧不上赚钱少的，最后的结果是自己庸庸碌碌地度过一生。

我们走后一种极端，总是觉得自己万事不如人，父母社会地位低，自己个头低，学历低，智商低，能力低，办事效率低，吃啥啥不剩，干啥啥不行，于是导致我们遇事退后，说话声低，胆小怕事，自卑委琐，不敢领先，不敢担当，好机会错过了，看着人家发财了，自己受穷了潦倒了没落了。

无论我们现在身价几何，资源多寡，都不能走以上两种极端。无论我们来自哪里，社会地位如何，既不能自负自大，也不能自卑自怜，而是凭借自己精力充沛，接受能力强，可塑性强，对自己进行全面培养，多点尝试，重点选择。只有这样，我们才会遇到更多的伯乐，更宽的平台，更多的机会。

社会一直证明父辈失败了，我们就千万别再说自己不行！什么事情没做之前，谁也不知道自己行不行。位置决定脑袋，坐到什么位子就会想什么事情，正所谓时势造英雄。现在的中国社会，经济飞速发展，知识更新快，生活节奏快，旧的社会架构被打破，新的构架渐渐形成，新行业新事物层出不穷，只要我们想干，敢干，不怕挫折，总会博得一席之地的。

如果真的想成为梦想中的自己，我们就得对自己的人生结果负责。作为一无所有的穷二代，我们应该接受自己的任何方面的失败，却不应该不去做任何尝试。不去尝试，百分之百的失败；尝试了，就有百分之五十的成功。

我们的机会并不多，哪怕只有百分之一的成功几率，也要做百分之九十九的努力。在我们的人生字典里，应该没有“失败”这个词汇，只有暂时的不成功。即使真的失败了，也只能证明我们做这个不合适，转身去做另一种尝试。

别等下一个，只拼眼前这一个，大不了从头再来！

7. 趁着年轻必须赌一次

中国人对“赌”这个词非常忌讳，视如雷池不敢逾越半步。我们也认为君子从来不赌，不干没把握的事，不做超越自己能力范围的事。如果我们做了，那就是不知道自己能吃几碗干饭。

所以，在我们步入社会之后，父母和老板经常教导我们：“没谱的歌别唱，陌生的人别见，娶不到的姑娘别想，没准备的仗不打，条件不成熟的事不干。”如果我们干了甚至是想了，他们早就准备一句话等着我们：“癞蛤蟆想吃天鹅肉。”

总之，父母和老板时时提醒我们：“不要去赌，不能去赌。别信什么一切都有可能。对于我们来说，有把握的都干不好，更不用说不靠谱的了。”

因为总是有人这样耳提面命，导致我们想做一件事情的时候，不敢冒风险，没有百分之一百二十的把握，我们根本不去做，甚至连想都不去想。遇到想做的事情，我们首先想到的是自己的短处和不足，考虑事情的难处和不可行的地方，失败之后自己的损失和别人的评论。于是，我们就认为自己做这件事情就是在赌。因为不敢赌，担心输，于是我们就把这事彻底放弃了。

我们习惯否定自己、不敢去赌的原因，就是面对一件自己想做的事情时，从来不去关注其可行的一面，而是着重考虑其不可行的一面，这是极端错误的。这种思考问题的习惯，是在不断地暗示我们放弃。我们一旦在心里放弃了，在行动上只能是为自己的放弃寻找借口。

拿破仑·希尔为了证明很多人会有这样的思考习惯，曾经做过这样一个实验。他让他的学生思考这样一个问题："如果我们通过各种手段不断地提高国民的生活水平，丰富国民的物质和精神生活，最终能不能在国内实现零犯罪，废除国内所有的监狱？"

学生一听，便觉得这是天方夜谭，实在是异想天开，甚至是幼稚愚蠢的想法。于是有人站起来说："老师，你的想法仅仅是一个理想而已，根本无法实现，这与我们努力与否无关。一个政府要想彻底消灭犯罪，就像想彻底消灭老鼠一样困难！"

另一个学生站起来说："任何政府都无法真正实现社会资源公平分配。只要社会还存在贫富分化，就难以制止犯罪。如果在这个国家干与不干一个样，干好干坏一个样，能干的不如不干的，不干的不如捣乱的，那么谁会选择劳动而不去选择享受呢？这样做的结果，不是国家取消监狱，而是整个国家变成了一座地狱。"

第三个学生站起来说："一些人天生就是反动分子，喜欢把自己的快乐建立在别人的痛苦之上。他们犯罪，并不是因为缺少生活物质，而是好吃懒做，穷奢极欲，对物质的占有没有止境。他们的欲望就像大海，用什么也填不满的。如果强填，结果只能导致洪水泛滥成灾。"

最后学生们达成一致意见，要求老师放弃这个想法，因为这个想法无论从哪个角度讲，都是不成立的，无法实现。

拿破仑·希尔耸耸肩膀说："亲爱的同学们，你们说的都对，我也觉得这个想法很荒唐。但我要告诉你们的是，昨天我和一个赌徒打了一个赌，我对他说这个想法能实现。我的筹码就是这座学校的所有权。如果我这次输了，明天站在这里给你们讲课的，不是我而是那个赌徒了。如果赢了，他出资给咱们建设一个藏书达千万册的现代化图书馆。"

既然是老师一时糊涂把学校押给赌徒了，没有任何退路，只能想尽一切办法搏一下，即使不能赢，也不能眼睁睁地看着学校所有权变更。万一赢了，哇，有千万册藏书的现代化图书馆，太好了！这群刚才激烈反对的学生，就像已经站在战场的斗士，开始积极想办法了。

有同学说，听说中国唐代某个时期，全国的死刑犯只有九百多人，犯罪率达到世界历史最低，我们应该去查查文献，看看那时唐朝政府实行了什么政策。如果我们再对那个政策进行改进和补充，说不定能成。

另一个同学说，其实犯罪的基本根源是比较。假如一个人所在的社会没有比较，那么可能就没有犯罪的产生。同龄人的衣食住行用，几乎一样，不论是有钱人还是没钱人。大家都以积极努力工作为自豪，寄生依赖被社会不容，那么就不会产生犯罪了。

同学们七嘴八舌，你一个想法我一个主意，每个人都有自己的分析和论断。最后让他们感到不可思议的是，他们居然提出了上百条办法和构想。

下课时，拿破仑·希尔笑着说："同学们，这不是一次赌博，而是一次试验。我想现在大家应该明白我设计这个实验的目的了——当我们认为某件事不可能做到的时候，我们的大脑就会为我们找出种种做不到的理由。但是，当我们确信某一件事可以做到，我们的大脑就会帮我们找出能做到的各种方法。我们每个人都是有惰性的，只有我们将自己置身于非赢即输的赌桌前，才能想尽一切办法去赢。看来，我们应该时刻坐在赌桌前，才会制造很多意想不到的事情。"

当然，在我们一生中，允许我们参赌的机会并不多。等到我们背负上房贷和车贷，养育子女之后，或者在一个行业里有了丰富的工作经验，比较实用的人脉，有了一定的名气和身价，思维模式程序化，对新的领域难以适应，精力体力不够充沛，诸多条件已经不允许我们孤注一掷了。

那些一边大把赚钱一边告诉我们“什么时候开始都是正确的，只要你开始”的激励大师们，让他们闭上嘴巴从新的领域从零起步，他们肯定不干，除非他们感觉自己的演讲已经赚不到生活费了。

我们成家育子之后，每个月的房贷要交，孩子的奶粉钱要花，一家人的生活开销都等着我们去赚钱。这时候，即使我们敢赌，也要好好掂量一下了，因为那时候我们的确有点输不起。

身边有这样的人，在成家之后，投入大量的资金，借更多的外债，甚至卖了房子去做一件事情——比如农民造飞机。对此，我们只能说精神可嘉，行动并不可取。那是对自己、对亲人、对借给自己钱的人不负责任的行为。因为这样的人即便赌赢了，也只能是给自己制造了一个玩具而已，而成本就是家破人亡妻离子散。

看来赌也不能由着性子来，值得赌的我们要赌，不值得赌的就不能去赌。

男人不能没有赌性，一生之中必须要赌一次。适合我们赌一次的时机，就是我们了无牵挂、赤脚走路、即使重来也不过如此的时候。

在这个时候，我们精力充沛，想象力丰富，冲劲十足，接受新知识新事物、适应新环境的能力都比较强。父母健在，身体健康，自己又没有每月必供的房贷或车贷，没有必须维持的家庭开销，为什么遇到想做的事情不去做呢？即使是赌，大不了就是一个输，输了又怎么样，大不了从头再来！

我们只有在赌桌前押上筹码以后，才可能是世界上注意力最集中、最积极想办法赢的人。凡事只要我们精力集中，积极想办法，皆有成功的可能。

我们年轻时赌了，输一次会后悔一年；如果我们该赌的时候不赌，必然会后悔一辈子。

8. 用失去换一个奇迹

一个人最可怕之处，不是一无所有，而是想赢怕输、患得患失、活得不上不下、过着不好不坏的日子。

在我们当中，很多人都过着这样的日子，一眼就能看到自己60岁的模样。在公司里，做着谁都可以代替的工作；在家里，为日常的吃喝拉撒精打细算。生活平淡得如一杯白开水，少人关心少人问。就连自己的朋友，都不愿意提及我们的名字。

我们因为投胎失误，被迫靠“成就”别人的理想，“赞助”别人实现目标，才勉强活在生存线之上成为所谓的“众人”。我们除了父母妻儿，真的不知道对谁还有用。

对这样的生活，如果我们毫无感觉，乐呵呵地接受平庸之人的命运，知足知止，也无可厚非。遗憾的是，对此我们做不到彻底麻木，不甘心、不情愿，尽管牢骚满腹，怨天尤人，却想赢怕输，患得患失，不想成为生活的奴隶，又不敢夺过奴隶主手里的皮鞭。

我们知道，这绝对不是我们想要的生活。但是，我们心在天上飞，脚在土里埋，有想法没办法。

我们为什么会这样？根本原因不是我们无能，而是不能终止当初失误的选择。在类似鸡肋的道路上，我们不敢果断结束，重新开始。我们明知道放不下手里的芝麻，就捡不起脚下的西瓜，却担心扔掉芝麻捡不到西瓜。

看来，我们人生陷入停滞状态的原因，关键在于我们害怕失去，尽管拥有的并不多。

事实上，我们的人生就是一个不断失去的过程，直到最后随着生命的终止彻底失去。既然最后全部要失去，我们为何那么害怕失去呢？

我们能不能制造奇迹？能，就看我们想不想，敢不敢，舍不舍。

《西游记》中孙悟空大闹五庄观，与猪八戒偷吃人参果的故事，妇孺皆知。人参果，是一种仙果，三千年开花，三千年结果，三千年成熟。凡人闻一闻能活三百六十岁，吃一个能活四千七百年。

我们从小就熟知传说中的的人参果，但是有没有想过让人参果从神话变成现实？估计我们对这样疯狂的想法总是一笑而过。

但是，仅有小学三年级文化的程魁，在没有专家参与，学者指导的情况下，就创造了人参果的奇迹，也书写了他人生的奇迹。

程魁是安徽省涡阳县义门镇程楼村人，在家排行老七。因为家庭贫困，他小学三年级毕业后回家务农，18 岁成为沈阳军区负责大棚种植的农业兵。

一次，舅舅来部队看望程魁，送他两枚像长条土豆、没有鼻子没有眼睛，而且味道苦涩的东西，说这是南非贸易商人带来的人参果。这个人参果，和《西游记》里描述的人参果，差得太远了。

1991 年，程魁复员回家，分配到检察院工作。对于别人梦寐以求的“铁饭碗”，程魁却丝毫不感兴趣，他想拥有属于自己的公司。

于是，程魁在镇上创办一家种子公司，生意红火，收入可观。按理说，程魁应该满足才是，但是，他又有了超乎寻常的想法——种植传说中的人参果。

1993 年，程魁把舅舅从南非带过来的人参果种苗种在自家院子后，竟然只开花不结果，第一次试验失败了。程魁没有因此放弃，而是继续想办法。

为了培育出传说中的人参果，2001 年，程魁跑到湖南蟒山寻找野人参。历尽千辛万苦，他终于找到了野人参。可是，他用野人参嫁接后长出来的果子，长得跟一次性纸杯形状一样，根本不像传说中的人参果。这让他大失所望。

程魁为了种出人参果，关掉种子公司，瞒着妻子卖掉了 22 间房子。因为家人激烈反对，程魁在农场里盖一间房子，吃住全在农场，几乎不与外人交流。

不经意间，程魁在朋友家种的葫芦上得到启发，直接用野人参与葫芦苗进行嫁接。

2007 年，程魁终于成功了，培育出的果子初具人形。

但是，人形的人参果没有鼻子和眼睛，与理想中的人参果还是有差距。

程魁为了培育出传说中的人参果娃，几乎不惜代价，耗费 14 年时间，花光了家里全部积蓄。2009 年，程魁的人形人参果实验已经有了成果，但是妻子和哥哥对他的疯狂行为已经忍无可忍，认为他患有精神病。于是，哥哥把蓬头垢面、胡子拉碴、形似野人的程魁送到宿州精神病医院。

程魁对医生只说了两句话："我真的没病"，"今年秋天人参娃娃就要从树上结出来了"。医生因此判断他病得不轻，认定他患有二级精神分裂症。

心里只有人参果的程魁，偷偷地从医院逃回到农场，继续搞研究。

经过 14 年的不懈努力，程魁终于成功培育出人形人参果，其外表与传说中的几乎是一模一样，甚至还有肚脐眼，吃起来又脆又香。尽管他的人参果不如《西游记》中描述得那样神奇，但是，经过权威机构检测，他的人参果富含天然的硒、钙元素，营养价值很高，蛋白质含量是香蕉的 4 倍、苹果的 9 倍。

目前，程魁培育出来的"人参果娃"，即便 1 枚卖 100 元，1 盒卖 200 元，仍然供不应求。各地的合作商纷至沓来。如今他在北京、山东等地建成4个生产基地。程魁并不满足于此，他对“人参果娃”进行深加工，开发出人参果盆景、人参果酒，每年纯利润在千万之上。

审视程魁修成“镇元大仙”的过程，我们就能看出，他的成功就是用种种失去换来的。他失去了检察院的“铁饭碗”工作，换来种子公司的生意兴隆；失去红火的种子公司、22间房产及多年的积蓄，使“人参果娃”问世，步入亿万富翁的行列。

在此过程中，如果程魁有一次不接受失去，就不会创造出今天的奇迹。

想想我们自己，被不满意的生活羁绊，却不愿意放弃。这样做的结果，使生活像一潭死水，不会有任何奇迹发生，即使我们每天祈祷。

《圣经》里耶稣复活的故事提醒我们，生活中从来不缺乏奇迹，哪怕我们置身于万劫不复的境地。

什么是奇迹？我们从一个受精卵，变成一个充满智慧的人，就是一个奇迹；从一无所知到学富五车，就是一个奇迹；经受一次或者多次超出毅力、耐力承受范围的考验，比如在重大天灾人祸中大难不死，更是一个奇迹。

世间的奇迹，向我们证明什么？它向我们证明，世界上无论什么事情，都有可能存在或发生，没有什么不可能的事，只要我们敢于失去，主动失去。

在生活中，我们一直恐惧失去。其实，失去却时刻伴随我们左右。没有失去，就没有新生，没有发展。

一粒种子的失去，换来一棵参天大树；一个萧瑟寒冬的失去，换来鸟语花香的暖春。

一生中，我们总要面对太多的失去——失恋、失业、梦想的破灭、挚友的背叛、疾病的侵蚀、突如其来的车祸或抢劫，都会使我们失去。

失去，与我们形影不离。即使我们墨守成规，一成不变，也会失去进一步发展的机会。

事实上，与我们形影不离的失去背后，都隐藏一个复活。事业上的失败、生活中的挫折，都会为再次复活埋下伏笔、创造条件，随后一个奇迹就会出现。

我们既然对目前的生活早已厌倦，那就爽快地扔掉那些坛坛罐罐，轻车上路前行吧。为了下一代不再低三下四、忍气吞声，我们就做一回牛魔王，在社会的夹缝中开拓出一片天地，栽下一棵大树，供后代乘凉吧！

第五章

即使我们不能站起，也要爬着向前

社会不能想，一想就流泪。

凡事讲究资格的时代，经过层层审查之后，你就会变得无可救药。

只有甘愿做保护唐三藏西天取经的孙悟空，你才会有资格经历八十一难。

没有人义务指导你怎样打败那些妖精，但遇到妖精以后，你就知道怎么打败它。

1. 驴子和狗，是我们必须扮演的角色

面对自己尴尬的生活境遇，我们会经常这样抱怨：我为什么必须像狗一样被呼来喝去，像驴子一样劳作苦干，又要像猴子一样被人戏耍？

答案很简单，因为我们选择了做人——做一个社会人。

我们经历的和将要经历的，都是我们的选择。做什么样的选择，就注定我们要拥有什么样的生活。

传说上帝造出人间后，决定再给人间造出驴子、狗、猴子和人。

制出驴子后，上帝对它说："你的名字叫驴子，很蠢很笨。你去人间之后，负责的工作是从早到晚推碾子拉磨，有时候还要驮物拉车、供人骑乘。你吃的是杂草，住的是四面透风的草棚。你的寿命是50年。"

驴子听后绝望了，对上帝说："这样的生活我一天也不想过，50年太久了。既然命运已经注定，我求求你，让我早点结束这样的生活吧！"

上帝答应了，给驴子20年的寿命。

制造出狗后，上帝对它说："你的名字叫狗，有一定的灵性。你去人间之后，负责的工作是为主人看家护院，玩要打猎，随时被主人呼来喝去，打骂责罚。你住什么地方，看主人的安排；你吃什么，

由主人决定。你的寿命是 25 年。”

狗听后很失望，对上帝说：“我的生活都不能由自己决定，这样任人摆布的生活，我充其量能坚持 10 年。”

上帝也答应了，给狗 10 年寿命。

制造出猴子后，上帝对它说：“你的名字叫猴子，比其他动物聪明一些。你到人间去，没什么正经工作和固定住所，也没人保护你。你既要耐得住冬天的严寒，也要经得起夏日的炎热。你要想吃喝不愁的话，只能跟着人类混社会，有可能被他们圈起来供人欣赏，也有可能被他们训练成取悦别人的工具。你的寿命是 20 年。”

猴子听罢一脸苦色：“仁慈的上帝啊，这样的日子还让我过 20 年啊？求求你饶了我吧，给我一半时间就足够了！”

上帝也答应了猴子的请求，给它 10 年的寿命。

最后，上帝制造出人，告诉他：“你的名字叫人，是人间智商最高的高级动物，所以你必须理性地生活在世上。人间所有财富均供你支配，所有能吃的东西，你都可以吃，只要你愿意。你在人间生活的时间是 20 年。”

所有的财富都由自己支配，能吃所有的好东西，这样的日子只有 20 年，太短了！于是，人祈求上帝：“万能的上帝啊，20 年对于我来说太短了，您将驴子扔下的 30 年、狗不要的 15 年和猴子拒绝的 10 年，都赐予我好吗？”

上帝毫不犹疑地答应了人的请求。

所以，人活在世间的 70 年中，就不可避免地像狗一样被呼来喝去、像驴子一样劳作苦干，却又要像猴子一样被戏耍。

这个故事告诉我们，我们活得像狗、像驴子，像猴子，就是不像人，其实都是我们自己的选择。我们选择了这样的社会角色，选择了这样的活法。

譬如，我们为了生存需要的几斗稻粱，不得不在龌龊的领导面前，违心地做一条狗，被他呼来喝去；为了在一个城市里安身，买下一所仅有70年居住权的房子，驴子似的苦干十几年；为了能让女朋友嫁给自己，甘心被她像猴子似的耍来耍去；为了……

一个个没完没了的为了，让我们不停地扮演着别人安排的、自己选择的各种角色。我们能不能拒绝，理论上可以，事实上根本做不到。

很多人会说，我讨厌这样的活法，这不是我想要的生活。试问，作为社会人，脱离自己的生活圈子有多难？20岁我们可以像鸵鸟一样跳来跳去，不满意就挥一挥手；40岁，我们真的能做到那样了无牵挂吗？

有一次，我和朋友有过这样一段对话。

朋友问我："你来北京多久了？"

我说："暂住北京16年。"

朋友问："你准备长期在此定居吗？"

我摇头。

他又问："你准备住多久？"

我说："不知道，不去想，也懒得想。"

"你爱北京吗？"

"我不敢爱，确切地说，是我爱不起！"

"那你为什么不离开呢？"

"原因很简单，这里有我需要的社会资源，而别的地方没有，离开它我会一文不值。"

16年，作为体制外的谋生者，我肯定会有很多不堪回首的经历。但是，我不抱怨。不抱怨的原因不是因为我品德高尚、态度淡定，而是因为北京并不需要我，而是我需要北京。北京无我，依然繁荣依旧，我无北京，一事无成。

北京对我来说，已经是我的熟人社会。这里有我的生活圈子，生存所需的人脉。

北京相当于我家乡而言，生活是简单的。我喜欢这种简单的生活，但是，这种简单是相对的，不是绝对的。因为这里也是熟人社会。

在熟人社会里，本来简单的生活被附加上各种概念，因为熟人的关注和比较，我们不得不成为一个战士，在挑战别人的同时也接受别人的挑战。

当然，我们完全可以不做这样的选择。但是，这就意味着放弃我们的责任和担当。我们可以一个人当驴子，但绝对不是为了一个人当驴子。我们不能成为亲人、朋友的骄傲，也不能成为他们的耻辱和负累吧？

我们作为社会人，在社会的丛林中游走，不可能孤立地存在。几千年延续下来的熟人社会，似乎没有发生质的改变。简单的、健康的契约社会，是我们的梦想，需要经过几代人、十几代人不懈努力才能完成。

最麻烦的是，我们渴望契约社会简单的同时，却在熟人社会之中扮演一个个社会角色。每一个社会角色，都附加一份责任和担当，不得不接受各个方面的强加。

活在熟人社会是很累的。我们的一言一行，一举一动，都会受到或多或少的人关注与评价。他们对我们的评价和议论，并没有具体的标准，而是根据我们所言之语、所做之事，给他们带来什么。即使这些与他们无关，他们也会根据自己为人处事的标准给出不同的评价。

不得不承认，我们一直活在别人的审视下、评价中，一直在做别人眼中最好的自己（听话、服从的驴子和狗），而不是真实的自己（按自己的个性做事情）。

在各种条条框框的制约下，我们不能像孩童那样，可以凭着自己的脾气对自己不满意的人或事，简单地说不。因为那时我们读不懂别人的脸色，对别人不承担义务，无知无畏，满足自己的需要是第一位的。

走入社会，上有老下有小的我们，想按自己的个性做事会更难。因为我们不仅仅为自己活着。我们任何一个角色的选择，都会影响到几个人、甚至十几个人的利益。感情、责任、声誉、利益、地位、角色等一系列诉求，都会让我们不得不放弃很多。

尽管做出的选择，在人生最后一刻，我们可能会悔不当初。但是，如果允许人生重新来过，我们依然会做同样的选择。为了爱我们的人和我们爱的人，我们不得不痛苦地放弃、再放弃，牺牲、再牺牲。即使我们有一千个一万个不情愿，也必须去扮演驴子和狗。这是生活的一部分。

对此，我们可以抱怨吗？可以；我们可以诅咒吗？可以；我们可以拒绝吗？可以；前提条件是，我们要有强大的赌性。

既然我们没有强大的赌性，暂时还没有勇气放弃，那就坦然接受驴子、狗的角色吧。

既然我们不想造反，就不要把射不出子弹的枪口对准掌握重武器的对手，否则后果将相当的严重。

2. 坚定不移地相信自己是正确的

回忆一下，在我们想做或者正在做一件事时，会不会经常遇到以下三种情况呢？

1. 想做一件事情时，总会遭到别人的否定、干涉或阻止。

2. 做一笔投资或者结交一个人时，总担心自己的判断是错误的。

3. 总倒在成功前的五步内，或者在成功到来的五分钟前选择放弃。

遇到这三种情况，你会坚定不移地认为自己的选择是正确吗？会心无旁骛地用一个个失败换取成功吗？如果回答是肯定的，那么恭喜你，那些事注定为你发生，结果必将如你所愿。我要说的是，做到这一点确实非常难，尤其对命不如蚁的我们来说。

在生活中、网络上，我们经常会遇到这样的情况。

在争论一个问题，或者讨论一个事件时，我们会突遭某人棒喝："你算什么东西，有什么资格在这里指手画脚？"有人甚至还会说："我走过的桥比你走的路都多，撒的尿比你喝的水都多，别在这里癞蛤蟆上树硬充百灵鸟，能想到多远就给我滚多远……"

这些人对我们之所以如此霸道，是因为在他们甚至我们心目中，都有这样的思维惯性：权力大、资格老、地位高、资源多和经验足的人，说话办事看问题便一贯正确，而位卑名淡、言微身轻的人的任何表达和见解都可以忽略不计。

那些微博上的大V们，放个屁，喘口气，都会被转发几十万条。无论草根的表达和主张多么正确，却少人关心少人问，犹如落入大海的一滴水，起不了任何波澜。

说那句“成功路上不会一帆风顺”的人，没好意思说出下半句。因为下半句是“我们获得成功的人文环境太恶劣了”。大家都想成为人上之人，习惯接受别人的仰视，因此希望我们过得好的人寥若晨星，盼望我们倒霉的人却摩肩接踵。

在这种情况下，如果我们拿着别人的鸡毛当令箭，不能坚定不移地认为自己的判断、选择和坚持是正确的，我们必定什么事情都不敢做，什么事情都做不成。

只有确信自己在正确的方向上做正确的事情，我们才会义无反顾、心无旁骛、倾尽全力地投入，想方设法地弥补自己的不足，笑对别人的冷嘲热讽，藐视竞争对手的强大，坦然接受暂时的失利。这些，就是我们做成一件事情不可或缺的前提条件。

我们都看过《水浒传》，并被窝窝囊囊的梁山带头大哥宋江气得肝脏发颤。一群被贪官污吏迫害得倾家荡产、妻离子散、走投无路的英雄豪杰，前后到梁山入伙，建立了足以与北宋政府抗衡的军事集团，并且四处出兵，攻城略地，杀贪官，诛污吏，几乎是所向披靡，攻无不克，战无不胜。按照梁山集团的军事实力，足以推翻腐朽的大宋政府，带领穷苦老百姓过上好日子。但是，宋江及诸位兄弟的下场却非常悲惨，死亡的人都死得毫无价值，活下来的人依旧被贪官压榨。

面对这个结果，不得不让我们思考三个问题：

1. 贪官横行、世风残暴、吏治腐败的北宋政府，置百姓于水深火热之中。号称替天行道、除暴安良的梁山好汉，均与北宋政府有不共戴天的仇恨，为什么在轻而易举就能推翻腐朽赵家王朝的情况下，他们不愿意重建社会秩序，让老百姓彻底脱离苦海呢？

2. 在军事力量占有明显优势、屡屡击败北宋政府军队的时候，宋江为什么却希望政府招安，渴望与那些人品差到极点、官品狗都不吃、眼里只有美女金钱的官员同流合污呢？

3. 方腊集团与梁山集团命运相似，也是一伙想做顺民政府都不给机会的社会底层弱势群体。梁山兄弟为什么甘愿被贪官利用，主动助纣为虐，拼死也要与只有造反一条活路的苦难兄弟自相残杀，做亲者痛、仇者快的事情？

看完这本名著，我们真想穿越到北宋，用大嘴巴子招呼那个大脑需要支架的宋江，质问他为什么很傻很天真，把那群好兄弟祸害成那样。

市面上已经有很多牛人分析过梁山集团的复杂性了，也帮助他们找出N多失败的原因。在我看来，真正的原因只有一条，那就是：带头大哥宋江从未相信自己的选择是正确的。

在宋江的骨子里，一直认为自己是忠君爱国的升斗小民，推翻大宋政府是大逆不道的可耻行为。他是在被人陷害走投无路的情况下才上梁山的，并不想与政府为敌。他在梁山招兵买马，也仅仅是想重新获得加入大宋官僚集团的投名状而已。

宋江认为，他率弟兄投奔政府，绝对不是与虎谋皮，而是纠正自己的错误。在这种情况下，梁山兄弟不成炮灰，谁成炮灰？

试想，一个总是认为自己行为是错误的人，怎么可能坚持自己想法和做法，怎么可能得到正确的结果呢？

如果职业拳击手认为打伤对手是错误的，他还能“KO”（击倒，是KnockOut的英文简称）对手吗？

如果职业律师认为他的当事人罪该如此，他还能在法庭上尽力辩护吗？

在微博上，有一位普通的作者写下这样一句话：“教那些比我聪明的孩子，让他们变得和我一样愚蠢和胆怯。”

不得不说，像这位自觉自省的人，现在少之又少。我们身边的人，大多数人习惯于牛哄哄地把自己的东西强加在别人身上，还口口声声地说为他们好。

譬如曾经热播的电视剧《赵氏孤儿案》，就是在不惜余力地向我等草民灌输这样的价值观：国难临头，经常把“天下再大也是我家自留地”挂在嘴边的国君，可以抱头鼠窜；平时宣称忠君爱国、爱民如子、身系国家安危的公卿大臣，可以藏身保命；而那些靠交租子供养别人才能活命的草民，必须要在此时担当大义、舍生取义。

这样教育我们，是为我们好吗？我们按照他们说的那样做，是不是拿自己的血汗钱买套高价房、豪华装修后再置办齐高档家具，然后低三下四地请一群爷来住？

有一些人就是这样，不但惦记我们的口袋，还惦记我们的脑袋。

最麻烦的是，很多人不但把这些东西当作正确的人生信条，而且还逼迫我们遵守，不能越雷池半步，否则就会对我们苦口婆心，谆谆教诲，甚至是冷嘲热讽，笔诛口伐，讥笑我们不知天高地厚。

世界如此难以改变，我们只能改变自己。但是，世界的傲慢与偏见，是不会轻易允许我们改变的。如果我们稍有恐惧，就会成为他们要求的样子。

命运不是注定的，而是用来改变的。但是，如果我们不能坚定不移地认为自己的选择是正确的，就会被囚禁在身份和资格的藩篱之中，继续重复我们早以厌倦的生活。

我们的世界，也许就是一个给我们薪水的单位和十几个同事，一份可以做一辈子但未必获得成就的工作，一个供我们休憩的家和三五个亲人，一个固定的社交圈子和几个可以交心的朋友。这就是我们的世界，这就是我们的生活，仅此而已。

所以，即便我们失败，也不会阻碍世界的发展，更不会殃及社会的稳定。狗熊与英雄的区别，仅仅在于他们是否把自己的坚持变成现实。

如果我们做出的选择，是我们愿意坚持且愿意为结果负责的，就没必要质疑自己的能力，能力都是在实践中培养出来的。只要我们面向目标，就不要怀疑自己的方向；只要前行，我们就是在向目标靠近。

真正的关心是理解，真正的理解是支持。与我们切身利益无关且蔑视我们的人，没有理解和支持我们的义务，但也就没有资格对我们正确与否说三道四。

所以，只要在法律和道德允许范畴之内，而且自己心甘情愿，我们做出的任何选择，都与别人无关，无论他是紫禁城里的皇帝，还是命如草芥的贱民。

3. 绝不放弃对未来的选择权

2003 年，美国加州有一个青年大学刚毕业，就接到去军中服兵役的通知。这个青年非常厌恶军队的生活，但是美国法律规定，任何一个适龄并符合军队要求的青年，必须无条件服从征调。

既然服兵役是无法逃避的，于是他便祈祷，千万不要让自己到管理最严格、要求最苛刻、生活最艰苦、环境最危险的海军陆战队服役。他的虔诚祈祷并没有起作用，征调他的正是美国海军陆战队，对此他只有服从。

接到入伍通知后，这个年轻人非常沮丧、害怕，整天失魂落魄，忧心忡忡，仿佛即将走上一条人生不归之路。他担心自己被派往战场，不是去杀人，就是被人杀。

年轻人的爷爷是加州大学的教授，看到孙子对未来充满恐惧的眼神，便做他的思想工作："年轻人，当兵是每个公民的义务，谁都不能逃避。有很多像你一样的大学生同时被征调，他们都很乐观，你为什么如此恐惧呢？"

"爷爷，你不知道，我要去海军陆战队。您一定知道进入海军陆战队意味着什么，那是时刻走在生死边缘的军队！"

教授微笑着说："即使进入海军陆战队，你也有两个结果，一个是留在内勤部门，一个是分配到外勤部门。如果你被分配到内勤部门，就完全可以避免上战场嘛！"

青年反问：“但我还是有百分之五十的可能被分配到外勤部门啊！”

教授说：“那同样会有两个结果，一个是在美国本土服役，另一个是到国外的军事基地服役。如果你被留在美国本土，又有什么好担心的呢？”

青年反问：“万一我被分配到国外的军事基地呢？”

爷爷说：“即便是那样，还是有两个结果，一个是被分配到和平友善的国家，另一个是被分配到维和地区。如果你被分配到和平友善的国家，是不是比在熟悉的美国更好？”

青年反问：“假如我不幸被分配到充满战乱的地区呢？”

教授说：“你同样还会有两个结果，一个是立功后安全归来，另一个是不幸负伤。如果你能够安全归来，人生中有了战场的经历，是不是值得庆幸？”

青年反问：“我不会那么幸运吧？万一负伤了呢？”

教授呵呵一笑说：“你依然会有两个结果，一个是伤后康复，另一个光荣牺牲。如果伤后能康复，还有担心的必要吗？大不了身上多一个疤而已，也是一件很光荣的事。”

年轻人再问：“如果我不幸牺牲了呢？”

教授听完呵呵大笑：“你都牺牲了，一切都跟你没关系了，更用不着担心了！”

教授对孙子说：“年轻人，我跟你说这么多，其实就想告诉你，不论你置身何处，做什么事情，都会有两种结果，你有权利争取任何一个你想要的结果。即使是在绝对服从的军队里，你还是有选择权的，除非你放弃了自己的选择权，被动地听从命运的安排。”

这个故事里的青年，犯了什么样的错误呢？他犯了习惯被别人安排，习惯被选择的错误。他从来没有想过自己的目标，为达成自己的目标应该做些什么，怎么去做。

凡事都有两个发展方向，每个方向的终端都有一个结果。因方向的不同，结果自然也就相反——一个是我们梦想的，一个是我们厌恶的。

我们常说“人之命，天注定”。这句话如果我们这样理解，可能就是成立的。我们选择了什么样的生活轨迹，就注定有什么样的人生。一种选择，注定有与其相对应的结果。

人生，就是我们各种选择的综合体现。

在中学，我们选择什么样的态度、方式对待学习，就注定我们能考上什么样的大学；在大学，用四年时间做什么，做到什么程度，注定我们走向社会时会有什么样的开始；在社会上，我们选择哪个行业、什么圈子，选择什么样的方式经营自己、经营工作、经营事业，我们就会有什么样的人生。

我们每个人，无论高贵还是卑贱，都有权利对自己的未来进行选择。选择的方式就是自己的思路和行动；选择的范围很大，做什么都可以，只要我们想做，愿意做；结果，当然，正确的选择就有正确的结果，错误的选择就会有错误的结果，而且无法推卸，因为那是我们自己的选择。

遗憾的是，我们当中的很多人都放弃了自己对未来的选择权。我们似乎更习惯或者是喜欢被别人安排，小到如考什么大学，学什么专业，大到在什么地方发展，进入哪一个行业，做什么工作。

别人可以为我们选择人生的方向，却不能为我们的人生结果负责。不是他们不愿意负责，而是谁都无法为另一个人的人生负责，包括我们的父母。

既然没有人能为我们的人生负责，为什么习惯让别人来决定我们的人生方向呢？这是因为我们小时候，一直被教育说，一旦遇到一个选择，必须先问问父母或者老板，自己这样做对不对。他们说对我们就做，他们说不对，我们就不去做。

久而久之，在我们思维中形成一个惯性，一遇到选择，不经过自己的思考，马上征求别人的意见或者看法。别人认为是正确的就是正确的，别人反对的就是错误的。我们从来没有坐下来冷静地分析一下，这个选择对自己来说，是不是正确的。

父母和老板喜欢我们事事征求他们的意见，并非常愿意利用他们的经验为我们做出各种选择。他们认为这样做是为我们负责，怕我们走错方向。其实他们这是一种剥夺，剥夺了我们的自我责任感，不利于我们成长和成熟。

父母和老板，对我们的成长和发展有监督权，建议权，但绝对没有决定权。我们才是自己未来的真正决策者。当然，我们做任何一个关于自己未来的选择，都必须参考许多人的经验和教训，但是我们一定要清醒地意识到，盲目地服从社会、服从别人的安排，与盲目地反对他们一样，都会招致毁灭性的后果，都是对自己不负责任的。

把人生之车的方向盘交给别人，我们就难逃扮演乘客的角色。

成功人士的经验告诉我们，任何一种理想、幸福、成功的生活，基本上是由他本人的选择和行动决定的。当我们真正认识并使用自己对未来的选择权时，就再也不会任由环境主宰我们，再也不会为了满足别人的需要违背自己的意愿，无条件地接受摆布。

当我们自己确定自己的未来方向时，便能清楚地知道，将在什么时候、什么地方有机会和有责任去做出符合自己需要的决定。自己为自己做出的选择，成功了有权利庆祝，失败了有勇气承担。

我们自己的选择，没有任何理由让别人为我们的失败埋单。一个选择的成功会激发我们再做更大的选择，就不会因为自己的成功而变得骄傲自满。我们在未来的人生旅途中，一直会很清楚自己在失败和成功之间所扮演的角色，总是能找准自己的位置，把握住自己的方向。

4. 知道自己如何能成为真正的人

北方一个庙里住着甲乙两个和尚，他们都想到南海朝拜。

甲和尚认为，此去南海，路途遥远，非三年不能到达。此行山高路远，险象环生，若是自己化缘步行前往，其难、其苦、其险可想而知。于是，他想攒够银两，置办下良马豪车，再雇几个随从，那样就会很舒服、很安全地到达南海。

乙个和尚想都没想，披上袈裟，带上一钵一禅杖便上路了。

三年后，甲和尚虽攒下一些银两，却不足以置办良马豪车雇几个随从。南海之行，渐渐淡出他的生活日程。只有在与其他和尚谈及南海时，他才会长叹一声："那是以前我一直向往的地方！"

一天，乙和尚携带大量的珍贵经卷从南海归来，受到庙内众僧的无限崇拜。老住持宣布，乙和尚成为他的衣钵传人。

甲和尚私下问乙和尚："你就是靠一钵一禅杖，步行三千里到达南海的？一定吃了很多常人难以想象的苦吧？"

乙和尚微微一笑："我此行确实吃了很多苦，但我毕竟实现了自己多年的愿望，这才是重要的。其实，即使我不去南海，也一样受苦，只不过这种苦自己非常熟悉、非常适应而已。"

甲和尚听罢无语。三年来，他在庙中与闲人为伍，整日无所事事，过着无聊苦闷、庸庸碌碌的生活，修为毫无长进，徒增三岁而已。

上面甲乙和尚的经历，对于我们来说，可能是一笑而过的故事。但是，这样的事情在我们身上，可能不止一次地发生过。

十年前，我一直想攻读某名校的心理学专业硕士学位。当我知道读此专业，必须先读我最头痛的“高数”时，便决定先放一放，以后有时间再说。

十年中，每当我感到自己心理学知识匮乏时，就后悔当初自己没有果断地攻读心理学课程。如果那时候咬咬牙，也许到现在心理学博士学位都拿到了。可是，一想到读“高数”的痛苦，我依然对心理学专业望而却步。

十年来，我一直在对“高数”的恐惧和没读心理学专业的遗憾之间纠结。现在如此，以后依然如此。

然而，只有高中学历的三轮车夫蔡伟，因在古典文学方面研究能力突出，38 岁时被复旦大学破格录取为博士生。小学五年级因患高位截瘫辍学在家的郭晖，不但获得了硕士学位，还获得了北京大学的博士学位。2013 年元月，她即将赴大洋彼岸的哈佛大学留学。

与蔡伟和郭晖相比，我拥有良好的学习基础和学习环境，没有资格在任何学科前说困难。事实上，无论我怎么笨，“高数”怎么难，学习过程怎么痛苦，只要我每天看一页书，做一道题，三年内肯定能学完那本“高数”并通过考试，进而获得心理学专业的硕士学位。

然而，我仅仅因为不愿意承受学习“高数”的痛苦，便放弃工作中迫切需要的心理学知识。十年中，我一边抱怨一边复制枯燥无味的生活，除了那点儿不断贬值的钞票，我一无所成，一无是处，收获的只有年龄。

很多时候，我们因为恐惧蜕皮的痛苦而拒绝生长，因为害怕失败而放弃对梦想的追求。这样做的结果，只能使我们成为社会上可有可无的看客。

其实，我们是非常不愿意充当为别人鼓掌欢呼的看客的。

因为我们出身贫贱、见识浅薄、人脉寡淡、能量有限，担心别人说我们生得渺小活得憋屈，便宁可自己脱一层皮，也要披虎皮、吹牛皮，说给别人听，活给别人看。哪怕再苦再累，也要别人把自己当人看、当人物看。只要别人认为我们好，我们就是真正的好。

我们在微博里，充当“公知”讨论治国之道，说得头头是道，深受粉丝追捧；在论坛里扮演领袖表现侠肝义胆，砖头激起千堆雪。然而，关上电脑，退出网络，我们却是令妻子难以启齿的丈夫，让孩子羞于说出名字的父亲。

我们在单位里，怨妇一般抱怨制度不公，以此证明自己绝非池中之物；端起酒杯，四海皆兄弟，都是贴心人，知无不言，言无不尽。然而，我们的职位雷打不动，生活十年如一日。

几个朋友坐在一起喝酒闲聊，谈到某位高官时，甲问：“没看出他有什么能力啊，他怎么就能做那么大的官呢?”

碰巧，在座的乙是那位高官的姻亲，说：“他当多大的官，我都不惊讶。自我们相识以来，无论遇到什么事、什么人，他都是那个表情，淡定如水，安稳如山。不管任何场合，他都不会轻易表达自己的感觉和感受。他有一个我们难以企及的习惯，就是随身带一个本，把同事、领导的任何一次交流，事后在本子上做详细整理。在关键时刻，只要领导需要，他肯定拿出准确的判断和预见。”

听乙这么说，我们顿时无语。看来我们这几位，之所以成为社会舞台下面可有可无的看客，是因为我们虽然羡慕社会主角台上一分钟的精彩，却没有他们台下十年功的行动。在人前，我们习惯把自己摆在爷的位置上；在人后，我们却选择孙子一样活着。

别说自己可怜，可怜之人必有可恨之处。

只有不怕死，才会成为英雄，绝对不是成为英雄后才不怕死。

别人刻意制造的快乐，是短暂的，过后必是凄凉。这种快乐，是一种麻醉剂，会使你忘记自己来自哪里，要去何方，要成为什么样的人。

我们渴望自己富可敌国，权倾天下，却往往摒弃自己的目标，选择舒服一时是一时、快乐一阵是一阵的活法。以丧失人生目标为代价得到的廉价伪快乐，只能让我们为别人的富有埋单、为自己的卑微埋单。

只有懂得如何祛除痛苦、怀疑和失败，才能赢得人生游戏的胜利。这一点对你、对我、对任何人都至关重要。

5. 不做别人的梦，不去实现别人的理想

甲乙两个大学毕业生，入职 A 公司。老板对他们提出很多要求，其中重要的一条就是——员工必须对公司无限忠诚，个人人生奋斗目标必须要设在公司大目标范围内。

甲恪守公司的各种规章制度，严格执行老板的要求，把自己岗位上的工作做得有板有眼。对于自己岗位之外的事情，他不想不听，不闻不问。因此，他成为老板最放心的员工，公司里的劳动模范。

甲之所以这样做，因为他的人生奋斗目标是成为公司的高层领导。他要从公司底层做起，以自己的业绩和对公司的贡献作为晋升的阶梯。

乙与甲不同。他入职后不久，便发现公司制度死板僵化，管理层派系林立，相互倾轧。产品老化，积压严重，各个部门都在玩纸面上的数字游戏，以此掩盖领导无能、决策失误。

乙并没有因此离开公司，因为他喜欢这个行业，想做这个行业的领军人物。对这个行业一无所知、个人经济状况拮据的他，需要通过这个平台了解这个行业，需要这份工作维持生计。

乙利用工作交流之便，研究同行业其他公司的管理制度和产品研发方向，关注终端消费者需要的变化。闲暇之余，他自费参加行业内人士的各种聚会，建立自己的人脉，收集各种数据和信息。

三年后，受世界性的经济危机的冲击，A 公司潜在的各种危机

集体爆发，陷入破产的边缘。没有人脉、能力单一、思维固化的甲，面临失业的危险。

真正了解A公司破产原因的乙，迅速利用业内的人脉和资源，收购A公司，成为A公司的掌门人，成为甲的老板。

乙上任后，对A公司进行大刀阔斧地改革，更新制度、精简人员，调整产品研发方向。一年内，便使公司扭亏为盈。

有一次，乙请甲吃饭，酒酣之际，甲问乙："你我从同一所大学同一专业毕业，一起入职A公司。三年来，我在工作上兢兢业业，在做人上踏踏实实，年年被评为劳模，而你经常藐视领导，四处鬼混，不务正业，你怎么就成为我的老板了呢?"

乙微微一笑，说："原因很简单。从入职公司的第一天起，你就把自己和那个刚愎自用的老板捆在一起，把自己的人生奋斗目标寄存在那艘风雨飘摇的破船上。三年来，你一直在做别人的梦，帮助别人实现目标，而我恰恰相反!"

几年前，有一本叫《你在为谁工作》的书非常畅销。这本书之所以有神级的销量，因为其内容深受老板的欢迎，海量团购，作为公司的培训教材。

《你在为谁工作》一书中的核心思想，就是一再强调，员工必须要忠于老板、忠于公司、忠于岗位。因为员工表面上是为老板工作，实则是为自己工作。他们只有为老板创造更大的价值，才能得到更好的发展。

从表面上分析，确实是这样。作为员工，我们要从老板、从公司这棵大树上摘果子。只有这棵上结出又多又大的果子，老板和公司才能分给我们更多更好的果子。如果这棵果树死了，我们连树叶子都得不到。

事实上是这样吗?

在这个世界上，只有少数人能成为老板，大部分人因各种原因，不得不主动或者被动的为这些人烧热锅或者燎冷灶。这不可耻，也不可悲，都是为人民币服务嘛！

但是，人往高处走，水往低处流，我们都以积极向上的态度追求美好的生活。人的一生有七次转运，没准儿哪一天我们时来运转，从卧室里便爬上了天堂。

我们要想从奴隶混到将军，就必须弄懂一个问题：我们是忠于老板还是忠于职业。

如果我们选择忠于老板，靠别人的恩赐或者赏赐生活，我们永远都是老板的赚钱工具，永远是对老板言听计从的执行者，永远属于思考能力不断退化的寄生物种，最后的结果只能是每年多收三五斗。

如果我们选择忠于职业，只对自己的职业负责，这样一来，我们不但对自己的工作充满敬畏，还逼迫自己时刻关注所在行业的需要，从而不断培养自己的行业预见力、完善自己的职业技能。

因此，我们不会成为听声虫，也不会成为跟屁虫。即便我们成不了三军之帅，也不会沦落成别人的炮架子，更不会是炮灰。

在美国职业篮球联赛中，所有球员都懂得一句话——一切都是生意。

在美国职业篮球联盟中，球员都是职业运动员，以打球谋生。但是，无论是炙手可热的全明星球员，还是把板凳坐穿的替补球员，只有被老板选择的份、被教练安排的份。篮球俱乐部只是老板生意的一部分，老板只在乎能否赚钱；球员是教练战术体系的一部分，即使是全明星球员，只要不符合战术体系，照样被交易，换来教练需要的球员。

因此，每个 NBA 的球员都知道，球队里没有非卖品，交易时刻存在。于是，他们只有敬畏篮球，敬畏球迷，认真训练，认真对待每一场比赛，才能获得大合同，获得更大的广告代理效益。

我们必须忠诚，但一定要选择正确的对象。

商品经济社会，一切都是交易，一切都是为了生意。谁也不是谁的摇钱树，谁也不是谁的救世主。最靠谱的人，是我们自己。铁打的营盘流水的兵，只要我们不给别人开工资，就注定活在别人的路上。所以，我们必须忠于自己，寻求自己的路，而不是做别人的梦，或者去实现别人的理想。

为了达到自己的目标，我们可以暂时坐在他人汽车的副驾驶位置上。但是，千万别忘了自己的目的地，及时换乘。否则，我们将陪伴他人抵达他人的目的地。

我们的人生可以交给别人选择，但结果肯定是我们自己埋单，无论好坏。

没人有能为我们负责一辈子，包括无条件爱我们的父母。真正的爱自己，就包括爱自己的身体，珍惜爱自己的人，敬畏自己的职业，通过各种努力接近人生终极目标。

我们要想活得明白，活得舒服，必须得想明白。如果想不明白，我们永远活不明白，活得窝囊。

6. 扯掉别人强加的“紧箍咒”

我们经常信任的人是谁？应该是和我们关系最近、最铁的人。

我们经常怀疑的人是谁？应该是自己。

我们为什么经常怀疑自己呢？因为和我们关系最近、最铁的人不信任我们，总是认为我们一无所知，甚至一无是处。

在正常的生活模式中，我们都有几个至亲至爱、彼此利益休戚相关的人，譬如父母、妻子或老板。因为彼此利益相关、荣辱与共，所以我们的人生重大选择，都在这些人的监视之下、取舍之间。

网络上曾经流行这样一个段子：

5 岁：孩子，我给你报了少年宫。7 岁：孩子，我给你报了奥数班。15 岁：孩子，我给你报了重点中学。18 岁：孩子，我给你报了最热门的专业。23 岁：孩子，我给你报了公务员考试。32 岁：孩子，我给你报了《非诚勿扰》。

这不是笑话，而是我们生活的真实写照。在决定人生走向的关口，我们的选择权和决定权，总是掌握在别人手里。因为在这些人眼里，我们几乎大于等于智障，没有生活常识，缺少社会见识。只有在他们的矫正、监督之下，我们才能正常地生活，健康地成长。

这些人，以无微不至的爱护名义，以尽善尽美的高参身份，随时出现在我们左右，不厌其烦地“矫正”甚至“斧正”我们。他们这样做的理由是防止我们认错人、走错路或做错事。

世界上不存在真正免费的服务。他们如此热情，只是希望我们走在他们预设的人生轨道上，做他们需要的人、满意的人、让他们感到光荣和骄傲的人。

在这些人孜孜不倦、乐此不疲的教导下，我们却成为战战兢兢的“瞎子”、“瘸子”，丧失了独立思考的能力，更没有甄别、判断和取舍的自信。渐渐的，我们养成了怀疑自己、不被别人肯定就不敢选择的习惯，甘愿接受别人的安排，并在这些安排中迷失了自己，忘记了自己，最后成为连自己都讨厌的人。

戴在我们头上的“紧箍咒”，不止是这些人对我们的“帮助”和“安排”，还有很多约定俗成却与时代需求严重不符的生活理念和行为。

一些理念被我们奉为日常行为圭臬，并把其定为我们人生选择题的标准答案。这些圭臬，制定的人遵守不遵守不得而知，但要求我们必须遵守，否则我们就被视为不合群的另类，遭到笔诛口伐。

新浪微博上，一名小学生的家长曝出这样一条博文。

小学生学完《孔融让梨》课文之后，老师提出一个问题：如果你是孔融，你会怎么做？小学生给出的答案是“我不会让梨”，结果被老师判错。

我们小时候都接受过这样的教育，如果我们面对一盘梨子，必须把最大的让给别人，自己留下最小的那个，否则就是目无尊长，离经叛道，遭到千夫指责的人。因此，在日常行为准则中，“以竞争为耻，以谦让为荣”变成我们头上的“紧箍咒”，箍在我们每个生活细节之上。

遗憾的是，我们生活在竞争无比激烈的互联网时代，世界是平的，每个有追求的人，不得不面对来自世界各地不同人等的竞争。别说谦让了，稍有疏忽，我们就得被淘汰。即使我们想谦让，我们有谦让的资本吗？有谦让的机会吗？谦让得起吗？

一将成名，确实不能踏着别人的尸骨攀爬，但也没必要四处为别人堵枪眼吧？

人生的考卷，只有填空题，没有一成不变的标准答案。时代在发展，社会在进步，我们要想成为时代的主宰，只能抛弃那些“紧箍咒”，在法律与道德允许范围之内，做自己，做自己想做的。

我们可以拒绝他们的“关心”吗？很难，他们自认为无比聪明，和我们关系无比亲密，有责任有义务对我们无比关心。

我们与这些人的关系，就像套在我们头上的“紧箍咒”。一旦我们有“逆反”、“叛逆”、“不服从”的行为，他们就会念起“咒语”，让我们头疼不止，直至告饶，无条件接受。

只有和自己喜欢的人在一起，做自己喜欢的事，才会有真正的幸福和快乐。这些人、这些事，必须是我们按照内心的真实需要选择的，才会有这样的结果，否则无从谈起。

我们喜欢的，不一定是别人喜欢的；我们需要的，不一定是别人需要的。如果我们把人生的选择权和决定权交给别人，别人肯定会从他们的立场、按照他们的需要进行选择，让我们扮演他们确定的角色，演绎他们编写的剧本。

如何活着，为什么活着，本来是我们个人的私事，因为我们的不自信，从而成为需要一群人公决的公事。

没有人能确定十年以后社会是什么样子，也没有人敢确定自己是什么样子。对于我们的未来而言，个人的努力、他人的促进、机会的出现和运气的变化，都是促使我们人生走势发生变化的因素。这些无时无刻不在发生变化的因素，注定我们的人生绝对不会一路向西。

相对于未来的未知世界，现在没有人能保证让我们在正确的时间做正确的事，就更别说已经被证明活得很失败的人了。就算他们是所谓的成功的人，也不可能保证我们一定能成为自己梦想中的人。他们能给予我们钱财，却无法给予我们想要的生活。

很多残酷的事实证明，走别人的路，结果只能是无路可走。

人生原本不复杂，只是参与的人太多而变得复杂了。

人多嘴杂，我们在层层审查之后，也许就会变得不可救药。

我们遇到困难，不是因为无能，而是因为无畏。我们认为自己无能，就不会有所追求。对人生没有美好的追求，就没有意想不到的困难。

只有我们甘愿做保护唐三藏西天取经的孙悟空，才会有资格经历八十一难。没有人提前指导我们怎样打败那些妖精，但遇到妖精以后，我们就知道怎么打败他。

认为自己无所不能，就会无所畏惧。时代的宠儿，往往就是那群不听老人言的叛逆者。

摒弃所有对自己不该有的怀疑，及时开始，果断结束。既然没有人真正为我们的人生埋单，自己为什么不去当自己的老板呢?

7. 把注意力全部集中在目标上，少想代价

一位国内顶级胸外科专家说，他与同行唯一不同的地方，就是他能在5秒钟之内酣然入睡，醒后1分钟就能全神贯注地做手术。

一位得道高僧说，他与其他僧人唯一不同的地方，就是他吃饭的时候吃饭，睡觉的时候睡觉。

一位世界拳击冠军说，他与对手对峙时，眼里只有对方的拳头和自己要攻击的部位，其他均听不见看不见。

三位高人一语道出了他们之所以在业界内出类拔萃的原因——无论何时、何事与何地，他们都能把注意力集中在要达成的目标上，不受其他人和事的干扰，专注于自己当下所做之事。

对我们来说，一生最重要的事情是什么？不是昨天以前发生过的事，也不是明天以后没有发生的事，而是当下我们马上要做的事情。这件事，只要是必须做的、必要做的，对我们一生来说，就是最重要的事情。

所以，我们心无杂念，不想代价，不想后果，全力以赴地把该做的事情做完、做好。

遗憾的是，在我们成长过程中，却养成了凡事都要做投入与产出、代价与回报的比较或衡量，觉得值就非常投入，不值就应付。然而，如此在乎成本与效益的我们，却没有真正的富有——无论物质还是精神上。

只要在正确的方向上，我们遇到的所有事情，都是因要实现目标而发生的，包括吃饭和睡觉这样的小事。如果我们在睡觉时想着昨天做事产生的损失，明天做事要付出的代价，那么，我们哪还有心情睡觉，哪还有时间睡觉？

晚上休息不好，明天必然精神萎靡。身体状态、精神状态不好，受到影响的就不止一两件事，付出的代价会更大。这种代价，却不在我们失眠时考虑范围之内。

世上只有我们想不想做的事，没有值不值得做的事。没有风险、不需要付出代价的事，只有一种，那就是什么都不做。反过来，什么都不做，必然不会有任何收获，这又是无法估量的代价。

把全部注意力集中在所做之事上，付出的代价往往又是最小的。

一个老生常谈的故事，却证明了这个道理。

杰克是一个钓鱼爱好者，一直想买几个高质量的鱼钩。有一天，他到商店里为妻子买卫生巾时，顺便看了看鱼钩。

卖渔具的推销员非常热情，为杰克介绍了很多种品牌鱼钩。杰克选了一个鱼钩后，准备付钱走人。

推销员不经意地说："这种品牌鱼钩，只有配备相应的鱼线才会发挥出独特的作用，否则和普通鱼钩无异。"说着，他就拿出了那种鱼线给杰克看。

那种鱼线确实不错，杰克不假思索地买下了。

推销员说："这种鱼线只有在与其相配的鱼竿上，才能让钓鱼者拥有专业的水平。工欲善其事，必先利其器。没有好装备，根本体验不到钓鱼的真正乐趣！"

杰克觉得推销员说得很有道理，于是他又看了看鱼竿，略作思考便买下了。

推销员接着对杰克说："看您的气质，一定是社会上层人士。现在的社会名流，也都喜欢钓鱼，不过他们都是约几位好友开着私家游艇到海上钓鱼，那样才有品位。本店新到一艘豪华游艇，原本是麦克（当地一位富翁）定制的，他可能嫌贵，迟迟没有提货。您若感兴趣，可以看看那艘游艇。如果您现在提货，我给您五折优惠!”

麦克都嫌贵？五折优惠？杰克迫不及待地看完游艇，像捡了大便宜似的签单刷卡。

杰克刷完卡才知道，使用这种游艇，必须要有专用的拖车才能运到海边。不用推销员推销，他又刷卡买了一辆拖车。

杰克到商店来的目的，是为妻子购买卫生巾，结果他被推销员转移了注意力，陷入推销员的销售陷阱，结果付出一千多万美金的代价，买了推销员需要他买的那些东西。

如果我们不把注意力集中在自己的目标上，往往就会受到别人的干扰，做实现别人目标的事情，置自己当下要做的事情于不顾。MSN、QQ 上的好友的一个招呼，亲朋好友的一个电话，办公室同事的一声招呼，都会让我们签下实现目标的欠单。

所以，我们要学会拒绝，不要考虑拒绝的代价，才能把自己的注意力全部集中在当下所做的事情上，马上、立即完成它，然后再做其他。

有一个文学爱好者准备写一部小说。这部小说他已经构思了三年。

当他坐在电脑前，准备写时，突然问了自己几个问题。

1. 自己不是文学科班出身，从未发表过任何作品，不懂任何写作技巧。这部小说写成什么样子，自己心里都没谱。

2. 自己的朋友中，也有人想成为作家，也给很多家出版单位投过稿，最后不是被委婉拒绝，就是泥牛入海。他为文学奋斗了多年，最后却成为他人的笑柄。自己浪费精力和时间写小说，会不会成为第二个他?

3. 自己在出版圈里没有熟人，得不到任何指导和帮助。这类题材、这种写作方式，从未有人写过。如果自己写出来，一旦出版公司因为没有同类书的参考而不认可，岂不是白写了?

4. 写本书，肯定要花费大量的时间和精力。如果自己把这些时间和精力放在确保能赚钱的事情上，是不是比写这部小说更划算？

想到这些，他便放弃了创作的打算。

两年以后，一部与他构思相同的小说横空出世，深受读者热捧，发行过百万册。作者一夜蹿红，成为各大出版社竞相追逐的畅销书作家。

他查阅了那个作家的信息，竟然是高中尚未毕业的农村孩子，连大学都没读过。

成功经不起算计，机会禁不起等待。

一个人一生最大的失败，不是不能做成什么事情，而是什么事情都不敢做。

任何一件事，在我们做之前，成功和失败的几率各占百分之五十。我们向哪个方向考虑，结果就会向哪个方向倾斜。

在做一件事情之前，如果我们像一个外科医生给病人做手术一样，把凡是能导致手术失败的因素都考虑进去，哪怕是万分之一或者十万分之一，并无限放大。这样做的结果，只会扼杀我们做这件事的勇气和动力。

认真地想一想，我们现在如此平庸，不是因为我们没有追求，而是过多地考虑了与追求无关的人和事。

一句话，凡事想多了，累人，也连累人。

8. 有胆量面对失败

我们希望自己此生事业飞黄腾达、家财富可敌国吗？除了对社会失望、对自己绝望的人，没有人不想。让自己和家人过上幸福、美好、富足的生活，并不可耻。

我们接受几十年如一日，一眼都能看到自己墓碑上的文字，活在生存之上、生活之下，终日为衣食住行奔波吗？只要对生活还有追求的人，没有人想如此，但我们大多数人确实如此。

既然我们如此渴望美好的生活，为什么依旧过着厌倦透顶的日子呢？

在大的方面，这个社会确实存在着让我们爱莫能助、无言以对的因素，导致无比勤劳的我们却过着无比悲惨的生活。对此，我们虽然不能无动于衷，但也不能过度计较。对于投胎时犯下的错误，我们可以较真，但不能叫板。

在小的方面，我们自身确实存在着诸多问题，毕竟我们生活在可以创造人生奇迹的时代。我们可以通过自身的努力和调整，让自己在适应社会与改变命运过程中，把自己变成梦想中的那个人。这个可以有，除非我们从不尝试。

侧身看一下我们身边的人，在同样的条件下，他们已经通过各种运作，抓住了并不多的机会，在人生的金字塔上再进几层，最起码生活上不再愧对自己的父母妻儿。我们为什么还在为不堪言表的薪资，与卑鄙到没有底线的人斤斤计较呢？

认真回忆一下，以前，在准备做一件事情时，在想赢与怕输之间，我们哪种感觉更强烈？

不用问，如果别人以十万或百万为单位赚钱，我们却以千或万为单位赚钱，就证明以前在很多事情面前，我们对输的恐惧远比想赢的渴望强烈。

穷怕了也好，吓怕了也罢，总之，我们从来没有胆量面对自己的失败。

没有胆量面对失败，就注定我们要平庸一生，苟且一辈子。

一个年轻人要离开偏僻的山村到城里闯世界。临行前，他去拜见村里德高望重的族长。

族长告诉年轻人："你作为一无资本二无支援的村里孩子，去陌生的城里闯世界，不但凭借你对美好生活的渴望、改变自己和家人生活的激情，还有最重要的三个字——不要怕。世界上的事情，远比你想象的容易。十年以后，如果认为自己成功了，便来找我，我还会有三个字送给你！"

年轻人来到城市，一无文凭二无技术的他，牢记族长的话，只要不违法，什么工作都尝试干，什么工作都敢干，不在乎自己是否符合条件。他认为，自己本来就一无所有，只要自己活着，就不算输。

几经折腾，最后他入职一家处在倒闭边缘的油漆厂做销售工作，不计得失地跑业务。半年后，在他的努力下，曾经滞销的油漆，因为品质好、价格低而逐渐被各大家具厂接受，油漆厂也因他的努力扭亏为盈，生产规模不断扩大。

三年后，由于老板目光短浅，不肯在新产品研发上投资，老产品不再符合时代的要求，使工厂再次面临破产。老板准备低价转让工厂，可是无人敢接这个烫手的山芋。

业内很多老板邀请年轻人加盟，并给出诱人的高薪高职。不料年轻人却在亲戚、朋友激烈反对下，卖掉婚房和汽车，借债筹款，接手这家工厂。他这样做的理由只有一个：没有什么可怕的，大不了从头再来！

年轻人接手公司后，对公司进行大刀阔斧式的改革，提高产销效能，研发适合市场需要的环保漆，使油漆厂起死回生，扭亏为盈。

当年轻人衣锦回乡，准备再次拜访族长时，族长已经辞世。族长没有忘记年轻人，把那三个字写在纸上交付女儿，等年轻人回乡时转交。

年轻人只看到三个字：不后悔。

此时，年轻人才真正领悟。他能从偏僻的乡村走出去，进入一无所知的油漆界，挽救一个濒临倒闭的工厂，接受一家危机四伏的企业，到现在成为身家千万的富翁，靠的就是“不要怕”三个字。

现在，油漆市场竞争达到白热化的程度，国内竞争已变成全球竞争，科学技术发展一日千里，消费者的需要瞬间万变，企业不进步就等于落后。他作为企业老板，应该怎么办？

看到族长留下的三个字，他瞬间领悟：对，只要对自己的选择、判断所对应的结果不后悔，有胆量面对失败，世界上就不会存在困难。

十年后，他的油漆厂发展成集团公司，并成功上市，执油漆界之牛耳。

这个社会的糟糕，不是它有多乱套，而是它对失败的人非常刻薄。无论任何事情，人们习惯用成败衡量，对成功者的追捧无以复加，对失败者的蔑视肆无忌惮。

只要我们失败了，谁都有资格对我们加以嘲讽，以证明他们的英明和正确，尽管他们干的比牛还苦，得到比鸡还少，一直过着鸡肋般的生活。

为此，他们给想摆脱鸡肋生活的人，准备了好多经典的词汇，譬如：黄粱美梦、自不量力、痴人说梦、痴心妄想、癞蛤蟆想吃天鹅肉等，不胜枚举。只要我们的行为超出了他们生平的见识，并且失败，就会遭到他们的笔诛口伐。

不管别人如何热心地对我们的选择进行规劝，但有一点我们必须清楚，他们并不会为我们的人生负责，更不会为我们的贫穷、落魄、弱势埋单。因此，他们的评价、嘲讽，甚至是鼓励，对我们是否能实现梦想的生活，都没有实质性的帮助。

如果我们连自己活得怎样都不在乎，又何必在乎别人不负责的行为呢？

别人的人生如何精彩，如果我们不能真正领悟，那将永远都是消磨时间的故事，仅此而已。

如果我们不能成为社会舞台上的演员，那么只能成为买票进场的观众。

虽然这是一个靠资源、资本决胜的时代，但我们完全可以尽自己最大的努力，让自己和家人的生活变得更好。我们要相信，上帝不可能永远对我们说“不”，除非我们没有胆量正视实现理想的台阶——失败。

做一件事情的结果无非两个：一是成功；一是失败。任何一种结果的出现，没有偶然和必然之分。

只要我们有胆量面对失败，正视失败，失败就会把我们带到成功面前，因为他们是孪生兄弟，只有它经常挡在成功的面前。

为什么会成功和为什么会失败的价值，是同等重要的，只要我们还有勇气从头再来。

想避免失败的办法非常简单，就是我们坐下来，什么都不做，或者做那些对人生发展没有任何意义的事情——延续父母已经厌倦的生活，或者复制别人的平庸。

只要我们渴望改变命运，渴望改变早已厌倦的生活模式，就应该不假思索地做自己一直想做的事情，哪怕仅仅是为了赚钱。

上学时，老师习惯教我们用复杂的办法解决简单的问题，目的就是为了证明他们知识的渊博。

成功的人，都会把成功讲得很困难、很玄妙，因为他们想在眼球经济时代成为人们关注的焦点。

这个世界上，很多事情、很多行业，我们的父母朋友都没有涉猎，我们也未必熟悉，但这并不代表我们不能做，更不会意味着我们做不好。

我们到底能做什么，能做成什么，不但别人不知道，我们自己也不知道。

一定要相信，我们的潜力是无限的，没有人天生适合做什么，尝试之后才会出英雄。只有在我们主动接触一件事情之后，才会思考解决问题的办法，才有机会完善自己的不足，才会成为一个领域的专业人士。

如果我们怕了，担心了，这一切便不会存在。

第六章

不逼自己一把，就不知道自己有多大本事

活着就是一路狼狈的缝补。

你想活成什么样，与别人根本无关。

你的脑袋之所以是圆的，就是利于转换思路。

要不你选择上车争夺一个座位，要不你就守在路边看列车远去。

1. 清除头脑中错误的生活概念

我们怀疑过一直被自己奉为人生圭臬的名言吗？我们怀疑过父母和老师的安排与教导吗？我们怀疑过自己心中偶像关于成功的忠告吗？

可以肯定地说，我们当中的很多人从来都没有怀疑过这些东西。特别是那些已经被成功人士验证过、被誉为行之有效的经验和准则，我们更是笃信不疑。他们的规劝和警告，成为我们不可触及的高压线。于是，我们不假思索地在亲人、偶像、朋友、老师等人画好的条条框框里小心行走，为的是避免失败，避免受伤。

为此，我们在很小的时候，就被灌输了以下这么多词语和句子：痴人说梦，异想天开，自不量力；做人要本分，做人要老实，脚踏实地，一步一个脚印；勤劳有好报，人之命、天注定，胡思乱想没有用；做自己该做的事，做自己能做的事；成功有条件，巧妇难为无米之炊，等等。总之一句话，就是教育我们走路的走路，过桥的过桥，骑马的骑马，癞蛤蟆不能惦记天鹅肉。

懂规矩、懂事、乖巧、听话、服从的人，一直被公认为好孩子，好学生，好员工。我们不知不觉地接受并习惯了这些标准，也拿这些标准衡量自己什么事该做，什么事不该做。反过来想一想，我们这样做，是自己的真实需要吗？是真正为自己的人生负责吗？未必！

回首往事，静心地想一想，我们几乎就是在一些人的否定中长大的。无论我们怎么努力，在父母眼里总不是最好的；无论我们如何尽力，老板总能找到不足的地方。我们一旦有与家长、老板相悖的想法和做法，就会遭到无情的扼杀或镇压。在这些人眼里，年轻人的任何想法都是幼稚的，不成熟的，一定会失败的。

美国心理学界的专家们曾做过这样一项调查：什么人伤害你最深？调查的结果谁也没有想到，高居第一位的是“父母”，第二位是“兄弟姐妹”，第三位是“孩子”。

父母，兄弟，姐妹，孩子都是这个世界上和我们最亲近的人，怎么会成为伤害我们最深的人？其实想想，也就是身边这三类人，会理直气壮地认为自己是最有权利帮助我们做选择、做决定的人，都热衷于从自己的角度、经验、认识、立场去判断我们应该做什么，不应该做什么。

这些人，为了达到自己的目的，总习惯把简单的事情搞复杂，把容易的事情搞烦琐，让我们感觉到，实现自己的想法都会非常艰难，以此证明他们的权威和正确。其实，任何的人建议，都是以他们自己的需要为出发点，还冠冕堂皇地说一切都是为了我们好。

老板教育员工习惯上纲上线，说这是大局观；教授给学生讲课，都讲得晦涩难懂，以显示自己学问渊博；成功的人谈成功，拿 N 多例子证明自己的成功是多么地艰难和不可复制。

我们现在做事之所以总是瞻前顾后，患得患失，想赢怕输，和我们先前接受的教育、头脑中固化的理念有关系。我们从来没有勇气问问自己，那些被我们奉为真理的东西真的就那么正确吗？一些所谓的真知灼见都能行之有效吗？人生的成功就那么遥不可及，只属于天才吗？

事实上，我们认为自己不能做的，是因为我们没有去做；被我们认为很难的事情，是因为不敢去做才难的。

1965 年，一位韩国学生考入英国剑桥大学主修心理学。进入剑桥大学，使他有机会接触到在各个领域取得卓越成就的科学家、企业家和世界知名人士。在韩国时，这些人被奉为前无古人后无来者、几千年才出一个的天才，他们的成功事迹几乎被传成神话，使他觉得这些人深不可测，高不可攀。

可是，当这位韩国学生见到这些伟大人物时，发现他们和普通人一样。他们走在剑桥大学的校园里，和常人无异，气质和举止甚至还不如普通的讲师和教授。

这些被韩国人顶礼膜拜的伟大人物，也和普通人一样，经常到校园里的咖啡厅喝咖啡，闲聊，读书和看报。为了接触这些心目中的伟大人物，他便经常去这些咖啡厅，找机会与曾经被他奉如神明的人交流、聊天。

出乎他意料的是，通过接触，他发现这些成功人士，包括诺贝尔奖获得者、某些领域的学术权威和一些创造财富神话的人都非常普通，只不过是幽默风趣一些，能随心所欲地把深奥的学问与生活中浅显的事情巧妙结合，让即使没文化的人都能听明白。

在这些人眼里，一切都不神秘，一切皆有可能。即使谈到他们取得的伟大成就，也没有让人感觉有什么特别之处。在他们看来，他们之所以取得成绩，只是因为他们做了而别人没做，绝对不是他们能做而别人不能做。

通过和这些伟大人物多次接触，这位韩国学生对他们有了深刻的了解，得出的结论是：任何成功并不是常人所不及，成功人士在成功之前也和常人无异。

这时他才意识到，在韩国学习期间，他被那些国内所谓的大家、大师、成功人士和富翁们欺骗了。那些人面对年轻人时，总是把简单的东西说得晦涩难懂，把年轻人渴望的成功说成难如登天。他们这样做，只是在他们取得成功之后，怀着龌龊、阴暗甚至是卑鄙的心理，把他们的成功难度夸大，以此博得年轻人仰视和崇拜。他们担心年轻人获得了成功的捷径取得更大的成功，使他们的光芒不在。

作为心理学专业的学生，他认为有必要对韩国成功人士的畸形心理加以研究。1970 年，他把《成功并不像你想象的那么难》作为研究课题，写成毕业论文，提交给现代经济心理学创始人威尔·布雷登教授。

布雷登教授阅后，既吃惊又高兴，他认为这是心理学方面的新发现。这种现象虽然在东方甚至在世界各地普遍存在，却没有引起学者们足够的重视，目前还没有人把它作为课题大胆而深入地加以研究。

对于韩国这种畸形的成功怪论，教授深感忧虑。于是他写信给他的剑桥校友——当时已经成为韩国总统的朴正熙。他在信中说："我不敢说这部著作对你有多大的帮助，但我敢肯定它比你的任何一个政令都能产生震动。"

后来，这部论文在韩国出版后，畅销不衰。这本书使韩国年轻人如醍醐灌顶，茅塞顿开，重新审视自己过去接受的一切，重新定位自己的将来。他们意识到，要想获得成功，首先要纠正自己小时候学到的那些不正确东西，彻底清除已经植入骨髓的精神垃圾。

成功与智商、学位、出身、机会、付出多少并没有必然的联系。只要我们对某种事业感兴趣，长久地坚持下去就会成功，因为上帝赋予我们的时间和智慧，足够我们圆满完成一项使命。我们身边一些人没有成功，只是因为他们不是被吓怕了，就是什么都没想做，或者做的事情太多太杂。

那位重新定位成功的韩国青年，用自己行动证明了自己的论断。他回国后经过努力，最后成为韩国泛业汽车公司的总裁。

中国有一句古话："听人劝，吃饱饭。"如果我们的一生仅仅是为了吃饱饭，那就凡事听从别人的意见。我们要想在今生有一番成就，一番作为，确实有必要真正地审视一下自己的内心世界，检查一下盛装知识和经验的包袱，看看哪些才是真正正确、健康的东西。

2. 人生的游戏不能存盘

人生是什么？人生就是一个行者，在规定的时间内，从起点出发，以不同的角色走出与出发点最大的直线距离。谁离自己的出发点直线距离越大，谁的人生就越精彩，越成功。

我们都是行者，每天都要主动或者被动地走在自己选择的路上。遗憾的是，我们每个人都在漆黑的夜里摸索着前进，身后的路只能记在心里，面前的依旧一片茫然。我们看不见前面是高山还是沟壑，是沼泽还是森林，但是，我们必须要向前行走。也只有不断地向前行走，我们才会拥有与出发点的直线距离。

人生不仅仅是路难走，还会遭遇别人挖下的陷阱、虎豹豺狼的袭击、雪雨冰霜的眷顾。不论我们多么疲劳与厌倦，只要还活着，就得面对。

我们活着，就是活在路上。

人生好像一片漫无边际的荒原，我们只能提着一盏微弱的小灯行走于呼啸的寒风之中，最大限度地远离自己的起点，并寻找属于自己的宝藏。我们手里这盏灯，只能照亮前方一点点路，而抛在身后的路，又恢复无尽的黑暗。一阵狂风吹来，还会把我们手里的灯吹灭。

最可怕的是，即使我们不断地向前走，也可能会重新回到起点，让我们与出发点的直线距离为零，不论我们实际上走了多少路程。

在这片无垠的荒原之上，有路，但是路上却有无数的岔路口，以及无数的坎坷。只要一念之差，我们就会走进死胡同，一失足就会掉进万劫不复的悬崖下面，遭受灭顶之灾。别说我们走了多久，也别说我们走了多远，对不起，已经 game over（玩完）了，我们再也没有可以翻身的机会。

所有人手里都没有行走地图，也不是每个人手里都有指南针。在数不清的路口，一切都靠我们自己的选择和判断。如果我们走错了路口，便缩短了离起点的距离；如果我们走对了，前面就会有扩大与出发点距离的平坦大道。

这就像找不到工作的我们，身处陌生的大都市，站在熙熙攘攘的城市大街上，面对匆匆忙忙的来往行人，不知道哪里是自己的归属，有谁需要自己做点什么。我们不知道别人在忙什么，也不知道自己怎样做才能忙起来。

都市上空的阳光很灿烂，却驱除不去我们心里的黑暗。回首过去，我们才知道自己一直行走在水面上，没有留下任何脚印；自己在哪里，去哪里，连自己都不确定。现在我们才明白，在过去的一段时间里，对现在有用的都没有做，对现在没用的却做了很多。潇洒的过去换不来坦然的现在，迷茫无助的现在更看不见清晰的未来。

上大学时，我们应该坐在教室听课的时间里，却选择了坐在寝室里的电脑前，玩着各种新鲜刺激的 RPG（角色扮演）游戏。游戏，就是我们那段生活的全部。

在游戏里，我们可以任意选择自己是谁，可以扮演各种各样的人，可以让自己从弱小变得无比强大不可战胜，一切都在自己的随意之中。即使我们玩游戏的技巧不熟练，对游戏规则很陌生，这都不是问题，只要我们一次次地玩下去就会熟练，一次次地摸索就会熟悉。即使因操作失误让游戏很快结束，也不要紧，我们可以从头再来。

我们在玩 RPG 游戏时，就没有意识到，人生就是游戏，游戏也等同于人生。之所以说两者相似，现实中的我们和在游戏中选择的角色一样，都是从弱到强，都是要离开起点奔向目标，都是在黑暗中寻找正确的路，都是要战胜路上的险阻，都是要闯难度递增的一关又一关。

人生和游戏虽然相似，却又有实质性的区别。我们愿意玩游戏而不愿意面对人生，是因为一个完整的游戏，没有规定我们在多长的时间内必须成功，在游戏中我们可以随意挑选扮演强者或者弱者。就算是我们的选择、操作完全失误，代价不过是“胜败乃兵家常事，请大侠重新来过”，我们可以重新点击游戏，接着玩。

游戏最大的优点是可以存盘，每一次都可以从已经正确的地方开始。即使我们在新游戏中选择错误，操作失误，甚至失去了性命，都没关系，还可以回到存盘的地方接着玩。因此，在游戏中，任何失误和失败都无关紧要，我们总能找到正确的办法过关，得到自己满意的结果。

人生中，我们不能按照自己的意愿选择自己是强者或者是弱者。我们有什么装备，获得什么样支持，从我们出生那一天就已经决定了。出生在豪门权贵家庭是我们的幸运，出生在贫困弱势家庭也只能接受。你就是你，我就是我，要想改变不如意的自己，就得选择离开自己的起点，用自己的行动取得与起点最大的直线距离。

人生都不是无期限的，从出生那天起，唯一能够定论的就是有一天我们会死亡。从出生到死亡这段时间，就是我们人生的期限。我们必须在这段时间里，在漆黑不见五指的夜里，选择正确的路，用正确的办法通过所有关口，才能实现自己的梦想。

完成这些任务不是无限期的。我们可以把错误的过程归零重来，失败后重新来过，但代价远比第一次开始要大，因为人生的失败意味着失去——失去时机、失去支持，但是属于我们的时间，不会因为我们做与没做、正确或者错误而停止消逝。

在有限的人生之中，我们还不能像玩游戏那样可以把正确的从前存盘。当学习、工作失败时，就意味着我们以前所有的努力已经前功尽弃、一败涂地，能收获的就是经验和教训。那时我们能做的选择，要么从头开始，要么彻底放弃，不可能拿出以前的存档重新开始，使自己省时省力地获得另一个成功的结局。我们的决心能回到从前，但是我们的资金、团队、时机就不可能复原。

少年、青年、中年和老年，每个时间段都有我们必须要完成的任务，完不成就会成为一种要用更高代价偿还的高利贷。在一定年龄段中，我们必须要把这一年龄段的任务圆满完成。无论科技如何发达，也不可能让垂垂老矣，行将就木的人，通过时光的隧道回到从前，将一切推翻，重新来过。

成功的人，都是在正确的时间正确的地点做了正确的事；失败的人，都是在错误的时间错误的地点做了错误的事。假如人生可以存盘的话，无论结果是什么，只要我们不满意，就可以回到我们做出错误选择的地方，选择另外一条路。

很遗憾，人生不能存盘。无论我们有心还是无意，只要做错了，就无法回到发生错误的地方重新开始。我们选择的机会只有一次，错过了，就不可以再来。一旦选错了，后果只能由我们自己承担。

我们可以从游戏中感悟人生，却不能把人生当作游戏。因为游戏能存盘，而人生不能。

3 因为没有退路，所以必须前行

有一个美国人，从小练弹钢琴，一直练到成年，也没有在钢琴方面取得像样的成绩。为了糊口谋生，他只能混迹于城市里的各个酒吧，为酒吧里懂音乐和不懂音乐的人弹钢琴，以此赚点散碎银子。他厌恶这样的工作环境，可是他认为自己除了弹钢琴以外，什么都不会做。

一天晚上，他又到酒吧里弹琴。有一个粗俗不堪的有钱人似乎故意让他出丑，说自己实在不想听他弹琴了，想听他唱歌。

他从来没有唱过歌，认为自己五音不全，于是非常客气委婉地推辞，并表示歉意。可那个财大气粗的有钱人非让他唱，否则就要砸场子。

酒吧的老板不想得罪自己的大主顾，更不想遭受损失，便冲着他喊："你要是想拿到工资就唱，否则滚蛋！"

哪一方他都惹不起，被逼得实在没办法，只好应付差事似的唱了他生平第一首歌。他用自己独特的发音方法演绎了《蒙娜丽莎》。唱完后他才发现，自己唱歌的声音竟然是那么独特，那么唯一。从那以后，他开始尝试着去唱歌。最后，他成为美国家喻户晓的著名演唱表演艺术家。他的名字叫奈特·金·科尔。

我们都说最了解自己的人还是自己，但是在初入社会的时候，我们当中能真正知道自己能干什么的人，几乎是微乎其微。就算是已经成功的人，他们也是在进入社会之后，通过不断地去尝试，去调整，最后找到与自己天赋相吻合的、最适合自己做的事情，然后创造出独属于自己的一片天地。

事实上，并不是每个人都能做自己喜欢做的事情，原因就是我们会不知不觉地接受了别人安排。父母安排、单位领导安排，更多的时候，是我们自己对生活的一种妥协。在我们一无所有的时候，生存比发展更重要。

没有任何职场经验的我们，对任何职业基本上都是一无所知。大多数人根本不知道自己能做什么，适合做什么。很多看似复杂的工作，我们只有做过之后，才知道自己能不能做。我们身上都存在着一个致命的弱点，就是一旦我们习惯了一个环境，一个团队，就很难再做出实质性的改变。

毕竟，我们生来就不是雄心万丈、野心勃勃的人。

奈特·金·科尔明知道自己不会成为一名出色的钢琴家，但他却认为自己除了靠弹钢琴赚钱之外，再无其他生存技能，只能在酒吧里给那些乐盲、文盲乃至流氓弹钢琴。要不是那个粗俗的家伙想让他难堪，老板逼他只能做两种选择，他肯定还不知道自己有唱歌的天赋，声音那么有特色。

看来，在拼爹时代且战且退的我们，在没有人逼自己的情况下，自己也得逼自己一下。千万别说自己不行，厚着脸皮到陌生的行业进行尝试，或许还能发现自己就有意想不到的另一种本事。

我们都会对陌生的环境、一无所知的行业存在恐惧感，不到万不得已绝对不会尝试。不要因为喜欢才去做，世界上没有那么多神交，也没有那么多一见钟情。什么事情只有接触才会熟悉，才会产生爱。这一点我国科技领域那些专家的成功事例，就很能说明问题。

现在我国国防水声科技已经走在世界前列，有很多国防水声专家已经成为国际水声领域的领军人物。但是在我国准备开展国防水声事业的时候，这些人还是大三、大四的学生，根本就没听说过还有水声这一学科。更滑稽的是，他们很多人认为，水声就是研究水里的生物。

因为国防的需要，这一批不知道什么是水声的人，从一无所知、一无所有开始，经过不断地研究探索，不断地取得了连他们自己从来都没有想过的科技成果。他们竟然成为国际水声合唱队里的指挥者。

有人会说，那些人都不是普通人，而我们只是普普通通的人，没有可比性。但是我们回想一下，在改革开放之初，那些下海经商的人，都是一些什么人呢？都是一些没有上过大学，没有一技之长，没有好工作、好单位，微薄的收入根本不够养家糊口的人。他们被生活所迫，不得已去摆摊卖东西。

正是这群没有文化、对经商一无所知的人，现在却成为大集团的领导者，成为令现在年轻人趋之若鹜的人。

有一个环保领域的研究员 A，才三十多岁，已经主持了很多大型的研究课题并取得丰硕的科研成果，现在 A 已经是国内环保领域非常杰出的年轻科学家了。他的学生，有的已经是英国剑桥大学的教授。看到他现在取得的成绩，我们一定会认为他一直都是优秀的人，但事实上他并不是。

A 在高考的时候，由于没有发挥好，被三流大学一个毫无前途的化学系录取。他的化学成绩是最差的，学着就头疼。看着师兄师姐毕业后在社会上流离失所的惨样，他便认为自己彻底被时代抛弃，被同龄人落下了。于是他就破罐子破摔，索性不再努力，上课时无精打采，听课时心不在焉，经常逃课，喝酒，泡网吧，处女朋友，本着混个文凭的想法打发日子。

他的系主任是一位老教授，见 A 这样混日子，经常劝导他应该好好学习。而 A 的理由是，在这个没有人知道的破大学里，学好学坏一个样，学与不学一个样。他已经不期望拿着这个大学的毕业证，在就业难、难就业的时代，在社会上和同龄人的竞争中取胜，因为他已经来不及了！

系主任听罢，笑着说：“对于什么都没有真正经历的人，任何预言和判断都可能出错，甚至会得到相反的结果。我不想和你就咱们大学和你的专业争论。不过，你下午有时间的话，就到我家去一趟，我想让你帮我一个忙。”

傍晚的时候，A 来到系主任家里。他没想到的是，系主任竟然要自己陪他买豆芽菜。

满脸狐疑的 A 跟着系主任来到菜市场一家卖豆芽菜的摊位前，系主任问 A：“咱们买这家的豆芽菜吗?”

A 仔细看了看那家摊位上的豆芽菜，又细又长，还带根须，买菜的人看一眼都摇头远去了。那家的豆芽菜尽管再便宜也无人问津。A 摇摇头说：“到另一家看看吧。”

在另一个卖豆芽菜的摊位前，A 发现这家的豆芽菜短壮鲜嫩，且无根须，购买者众多。系主任也在这里买了一些。

回来的路上，系主任问 A：“为什么两家的豆芽菜会不一样呢?”

A 想都没想，回答道：“产品的好坏取决于生产设备、生产工艺和豆子的品质。这就像我们学生，同样一个人，毕业于名牌大学和野鸡大学，在社会上会得到不同的认可。”

系主任没有和 A 争辩，转身把 A 带到这两家生产豆芽的作坊参观。让 A 感到惊讶的是，这两家作坊的生产设备、工艺、选料、营养配方居然是一模一样的。这是为什么？自以为聪明的他找不到答案了。在同等条件下，生产出来的豆芽品质为什么差异巨大呢?

系主任指了指另一家豆芽生长器上压着的一块石头说，那就是唯一的答案。

系主任接着说：“咱们学校的声誉确实不好，但这里不是你学习的终点，你依然可以去读名牌大学的研究生和博士生，甚至是博士后。但是你现在应该做的，就是把名牌大学的研究生、博士生这两块石头放在自己的背上，逼迫自己负重前行，把自己培养成优质的豆芽菜！”

来自底层社会的我们，不怕一无所有，就怕撑不死饿不着，守着弃之可惜食之无味的鸡肋工作不做他想。守着鸡肋似的工作不甘心，扔下鸡肋似的工作还担心自己输得伤痕累累，前进怕有狼，后退怕有虎。一个等等再说，就让我们一直卧在社会底层，一动未动。

我们虽然无资本无支援，但是有青春有热血，所以我们要有理想有作为。我们已经无法后退，只能背负起各种压力，负重前行。初入社会，我们有将近十年可以尝试的时间。在这十年里，一团泥巴，通过我们不断地学习、尝试和补充，可以把它捏成价值连城的艺术品。

一无所有就是我们最大的资本，没什么可输的，所以我们敢于大胆尝试，即使不成功，我们输掉的不过是从起点又回到起点，赢得的可能是连自己都无法想象的精彩世界。

4. 原地踏步，就等于拱手认输

A、B 两个人去深山里旅游时，看见一只饥饿的大黑熊凶猛地向他们扑过来。毫无疑问，大黑熊已经把他们视为那天中午的美餐。

A 发现了远处的大黑熊，撒腿就跑。B 却放下背包，取出一双轻便的运动鞋。

A 催促 B 说："你想找死吗？快跑啊！"

B 不慌不忙地穿上跑鞋，说："不要急，会有时间的。我换上鞋再跑也不迟。"

A 继续催促说："在这样的山地里，即使你换上跑鞋也跑不过黑熊啊。"

这时候 B 已经换好跑鞋，飞快地跑到 A 身边说："我只要跑得比你快就行了。"

饥饿的大黑熊从后面逼近，此行目的就是想吃人填饱肚子。他们两个人，谁都跑不过大黑熊。结果必然是有一个人被黑熊抓到，另一个人就能死里逃生。

遇到同样的危险，结果却不同，原因就是他们在面对危险的时候，考虑问题的角度不同，解决问题的办法也就不同。

铁打的营盘流水的兵。

我们在职场里，肯定不愿意一个月换一次工作，都希望自己在满意的公司里获得稳定的工作；退一步讲，即使是离开公司，我们也希望是自己主动辞职，而不是被动地被公司辞退。同理，没有一个老板愿意每个月都更换公司里的员工，他们希望员工能够持续稳定地在公司做下去。

遗憾的是，现实中，在我们当中还是有很多人频繁地更换工作，还是有很多公司不停地解聘和招聘员工。用人单位和求职者都不愿意这样做，却不得不这样做。我们因为找不到好工作而郁闷，用人单位因为找不到满意的员工而发愁。

我们到一家公司应聘时，公司如果看不到我们的能力和潜力，觉得我们不能为公司提供某种服务，一定不会录用我们。每个公司的老板都希望自己的员工物有所值，最好是物超所值。入职公司后，如果我们不想方设法证明公司录用自己没有错，证明自己不会让公司失望，那么老板就会有办法让我们失望。

任何一家公司都不是福利院，不会养活一个对公司毫无价值的人。但是有一个问题，我们作为员工必须应该明白：如果我们给予公司的贡献居于众员工之后，同样是处于危险之中。因为老板不但希望我们尽职，更希望员工卓越，绝对见不得我们拖后腿。

公司付出同样的薪水给员工，员工回报给公司的效能却不一样。在这个用人单位处于买方的时代，每个公司自然都希望员工物超所值，讨厌员工与公司一对一的交换。

完成公司布置的工作、工作的结果让公司满意、工作的结果给公司带来惊喜，这是我们做一项工作后，可能给公司带来的三种结果。

假如公司要开除一名员工，提升一名员工，那么开除的往往是勉强完成公司布置任务的员工，提升的则是经常能给公司带来惊喜的员工。

我们都希望自己的工作是稳定和有保障的，那么我们怎么做才能保证自己的工作稳定而且不断提升呢？在激烈的职场竞争中，没有最好，只有更好。作为员工，我们只有用更好、更高、更严格的标准要求自己，工作中多努力一分，就会离最好更近一分，也就更安全一分。

在公司里，我们面临一件事情存在诸多变数时，都应该扪心自问：当裁员的“大黑熊”来临时，我们是不是处在离大黑熊最近的位置呢？我们要想离裁员这只“大黑熊”远一点，就得跑在其他员工的前面。我们身后的人越多就越安全。

没有人知道公司哪天会裁员，但是我们应该清楚公司是否能够离开自己。当我们对公司的作用已经不可或缺时，我们必将成为公司最不愿意失去的人；如果我们在公司里可有可无，毫无疑问，我们将成为公司无关轻重、随时可以替换的人。

我们都希望自己能够在短时间内获得高位高薪。能否做到这一点，不在于公司，而是取决于我们自身的努力程度。假如我们想坐稳现在的位子或者还想谋取更好的位子，就应该时刻保持足够的危机感，必须时刻提醒自己，裁员的“大黑熊”随时都可能出现在自己身边。如果公司缺少高素质的员工，就会丧失市场竞争力；如果我们不努力，必然就会丧失在公司生存的空间。

不论我们以前的业绩如何，不论我们曾经为公司做出什么，都已经不重要。重要的是今天我们的工作效能如何。如果我们在今天、在现在的位置上依然浑浑噩噩，与公司进行简单的脑力与金钱的交易，那么我们就是离危险最近的人。

在别人进步的时候，我们没有进步，我们就已经落后了。落后必定被动，这一点毋庸置疑。

我们永远无法准确预知明天会发生什么，但是我们今天可以改变自己的工作态度，可以把简单的工作变成惊喜还给公司。这样的话，我们即使不是跑在最前面的人，肯定也不是最后一个。

5. 挫折和痛苦是守卫成功的门神

自儿童经少年、从青少年到青年，是我们身体、心理逐步成长、成熟的过程。在这个过程中，痛苦会一直伴随着我们。身体会受到各种疾病、灾难的袭击，心理会饱受与自己有关的各种矛盾、利益冲突折磨。

没有人愿意面对痛苦，但痛苦却是我们成长和成熟过程中的一部分。不是我们选择了痛苦，而是痛苦选择了我们。学会如何接受和面对痛苦，是我们一生要解决的重大课题。

父母也是经历了我们难以理解的痛苦而成熟的，其中包括让他们刻骨铭心的痛苦。当我们跨过生命之门之后，父母绝对不希望我们经历他们曾经经历过的痛苦，于是他们主动为我们解决一切，规避一切，目的就是为了我们不再遭遇他们因年轻、因成长而经历的曲折和挫折。

幼年时，我们生病了，父母焦急地带我们去医院看医生。医院，是所有儿童恐惧的地方。去了那个地方，就意味着要吃苦口难咽的药品、要接受针管刺入肌肉的痛苦。我们用挣扎、哭喊拒绝去医院以及去医院后将要承受的痛苦时，父母却安慰我们说，“不去，不去，我们去姥姥家”，用这样的哄骗办法，把想逃避痛苦的我们带到了医生面前。

当我们看到穿白大褂的医生、拿着注射器的护士时，看到别的小朋友打针后痛哭不止时，我们拼命挣脱。父母一面死死地抱着我们，一面安慰我们说，“我们不打针，绝对不打针”。我们自认为能侥幸逃过一劫时，父母和护士却脱掉了我们的裤子。结果，我们不仅要接受痛苦，还要接受绝望与无助。

在小时候我们就认识到，痛苦到来之前，总是伴随着令我们防不胜防的他人对自己欺骗，或自己欺骗自己的侥幸，最后我们依然不得不被动地接受痛苦的到来，让我们一点应对痛苦的准备都没有。

深爱我们的父母，从未告诉我们成长是痛苦的，目的是使我们“健康”地成长。即使是我们做错了事，遭到他们的惩罚，使我们被迫承受痛苦，他们也会告诉我们痛苦是一种惩罚、一种代价。如果我们不想痛苦，就不要做错事。

在这个世界上，不犯错误的最好办法，就是什么都不做，或者指望别人为我们做。这也是我们经受一点挫折和打击，就变得胆怯、脆弱、消极，不敢接受任何挑战和尝试，最后由平凡变为平庸的原因所在。然而，如果我们不做事、不经历，又怎么可能成熟呢？又怎么可能取得事业的成功呢？

于是，我们在自己变得无能时，都会埋怨自己的父母——埋怨父母没有把自己教育好，不能给自己创造好的生活环境，不能给自己留下用之不尽的财富……但是，即便我们有千万种理由抱怨父母，但父母对我们的需要爱莫能助时，彼此接受的只有伤心和失望。因为，父母对孩子的爱和帮助，都是无私而尽全力的。

我们不能正视痛苦，只因为父母以错误的方式爱错了我们。我们永远不可能要求父母像前印度总理甘地夫人那样，教育我们如何认识人生中的痛苦。世界上一切都可以选择，惟独父母和孩子不能选择，这也是我们和父母的痛苦。

前印度总理甘地夫人是一位非常伟大的女性，伟大的政治家，同时也是伟大的母亲。作为母亲，她知道自己有责任帮助儿子认识到，成长就是一个痛苦的过程。

有一次，12 岁的大儿子拉吉夫因病要做一次手术。面对紧张恐惧、拒绝承受手术痛苦的拉吉夫，医生准备说一些善意的谎言转移他的注意力，还委婉地安慰他说手术并不痛苦。

甘地夫人看出善良医生的意图，上前阻止了医生。随后她来到儿子床边，严肃而平静地告诉儿子："你要想彻底摆脱疾病带给你的痛苦，就必须接受手术带来的痛苦。疾病的痛苦我们不期而遇，但你可以选择用手术来解决。手术后肯定会导致你要承受几天痛苦，但手术痛苦的代价是彻底摆脱疾病带给你的痛苦。这两种痛苦都发生在你的身上，谁也不能代替你受苦，因此你必须要有心理准备去应对，哭泣和喊叫都不能减轻痛苦，可能还会引起头痛！"

手术前后，拉吉夫都没有哭，也没有喊，他坚强地忍受了这一切。

我们的问题，永远是我们的问题，父母即使有再大的本事，也不会帮我们一辈子。这就像甘地夫人说的那样，发生在我们身上的痛苦，世界上任何一个人都无法代替。我们能做的，就是对此要有充分的心理准备，并积极采取应对的办法。

在人生的道路上，只要我们有梦想、有追求，并为自己的梦想和追求采取行动时，痛苦和挫折是不可避免的。我们要面对难以抗拒的诱惑，要忍受成功到来之前的寂寞，要接受人为和非人为的种种障碍，要为判断、选择失误付出惨重的代价……这些，对我们来说，都是痛苦的。这些痛苦，远远大于我们小时候打针吃药的肌肤之痛，孩童蹒跚学步时的头破血流。

面对如山似海般的痛苦，是消极地逃避还是勇敢地面对，这将决定我们的人生是黯淡还是辉煌。这时候，一定要记住，我们之所以痛苦，那是我们获得新生之前的阵痛，要坦然接受，微笑面对。

微软公司之所以由两个人的作坊演变成世界上最伟大的公司，是因为在微软公司的企业文化中，有重要一条就是勇于接受别人的批评，不断地否定自己。否定自己、接受别人的责问和批评是痛苦的，但是所有微软人都乐于接受，因为这是制造出优秀产品的不可或缺的一个环节。每个人、每个产品都不可能毫无瑕疵，必然存在这样或者那样的缺陷，这是一种痛苦。如果微软人不愿意面对这样的痛苦，那将是微软用户的痛苦。失去客户的痛苦，就是大于等于微软人失去生命的痛苦。

微软播放 MP3 音乐产品 Zune 上市之后，在微软公司产品界面设计的讨论社区里，研发人员就遭到全公司各个部门的否定，甚至是赤裸裸地批评。很多人毫不顾及设计者的情面，说他们设计的东西与苹果公司漂亮的 ipod 相比，简直就像一块丑陋的砖头……

这对播放 MP3 音乐产品设计部门来说，是无比痛苦的，但是他们坦然接受了这种痛苦，微笑着接受大家提出的意见，不断地改进，最终推出了近乎完美的产品。

我们追求成功、追求完美的过程中，时时刻刻都会伴随着自己想到的挫折和痛苦，总会有这样或者那样的不顺利。这就要求我们有一个健康的心态，承认失败和成功、幸福和痛苦是一对连体婴儿，我们想得到其一，必得接受其二。

人生是一场麻烦不断、困难不断的漫长战役。在这场战役中，我们处于主动、被动的大大小小的战斗从不间断。有时候是我们给别人制造痛苦，有时候是别人给我们制造痛苦，总之痛苦不会从我们的生活中消失，只要我们还活着。

6 身边常备“责任”这剂良药

生在现实而又势利的社会，父弱家贫人穷的我们，心理普遍会变得敏感而又脆弱、自卑而又偏激。再加上年轻气盛，血气方刚，爱憎分明，往往导致我们喜欢一个人或者一个环境，无以复加；恨一个人或者一个环境，恨之入骨，恨得彻底。

这种爱与恨，无形中决定了我们很多选择，包括选择工作和朋友。

恨一个人还好说，不理他就是了。恨一个工作或者一个环境就比较麻烦，但是对于把尊严、面子看得比天还大的我们来说，好像也没什么，只要自己感觉憋屈，受不了委屈，大多会选择收拾行李走人。此处不留爷，必有留爷处；处处不留爷，大爷去栽树。

人生最大的乐趣，确实就是与自己爱的人和爱自己的人在一起，做自己喜欢的事情。

但是人生不如意之事十有八九。在职场上，我们很难选择谁做自己的同事，做的工作也未必是我们喜欢的。如果不喜欢就放弃的话，我们只能选择做一只职场里的鸵鸟，不停地跳槽，跳到最后连自己都讨厌自己。

其实反思一下，我们从出生那天开始，就一直与自己不喜欢的人在不喜欢的环境里生活或学习。比如，我们可能有粗暴愚昧的父母，有一个弱势贫穷的家庭，身边会有劣迹斑斑的同龄人，考进失望的学校，学自己讨厌的专业……

这些我们都忍受了，为什么就不能包容和接受工作中的老板和同事呢？

我们容易喜欢或者憎恨一个人，表面上看这是我们的性格问题，其实是我们有无责任感的问题。

因为渴望无拘无束，憎恨背负压力，我们最讨厌的词汇就是“责任”。我们习惯性地认为，有了责任就会失去自由，有了责任就会失去自我。不能自由、自我地活着，人生就没有任何意义。

世界上根本就不存在完全的自由和自我，这个连上帝都做不到。万能的上帝再仁慈再伟大，也无法满足我们每个人的要求。

假如你是上帝，当三个年轻人同时爱上一个美丽的姑娘，都想娶这个姑娘为妻。作为上帝的你能同时满足三个人的愿望吗？结果只能是有一个人实现了自己的愿望，成为这个姑娘的丈夫，另外两个人选择放弃，尝试着成为别人的丈夫。

这是责任，爱一个人的责任，爱自己的责任。

其实我们还没有意识到，责任是世界上医治所有创伤的良药。如果我们背负责任，就能控制自己的情绪、欲望和行动，知道该做什么不该做什么。

如果我们不知道自己扮演的角色，在舞台上不仅会失去自己，还将失去让自己成为明星的机会。

美国著名心理学博士艾尔森，针对“只有做自己喜欢的工作才能有所作为”的话题展开调查研究。他走访了世界100名在不同领域取得优异成绩的人，结果出人意料的是，其中有61名执行业牛耳者说，他们现在从事的职业，并不是他们当初非常喜欢做的行业。让他们取得辉煌成绩、获得名利的行业很多是他们当初不知道或者知之甚少的。

为什么61%的杰出人士竟然在自己不感兴趣、讨厌、一无所知的行业里做出让人仰慕的成就呢？难道是被调查的这些人是全才？

或者他们有着过人的天赋和超人的适应能力？还是他们善于改变善于接受呢？

带着这样的疑问，艾尔森博士又走访了没有接受调查的各界精英。出人意料的，这些人也一样，他们现在从事的工作也不是父母期待的、自己理想中的职业。不过这一次博士加了一个为什么，那些行业精英给出的答案居然惊人的相似。

那些人说，尽管自己做着不是自己喜欢的工作，但是责任使他们在自己不喜欢的行业里坚持下来，是责任使他们在自己不喜欢的岗位上取得了那些成绩。

其中纽约证券公司的职业经理人耐克的经历，让博士找到了所有疑问的答案。

耐克的父亲是美国著名的演讲家、深受美国民众尊重的畅销书作家。耐克从小就非常喜欢文学和创作，并把父亲当作自己的偶像，希望自己长大后也像父亲那样，通过自己的作品去改变别人的命运。

让耐克没有想到的是，高中毕业后，一所知名的财经大学录取了他，学的是国际贸易。优秀的父亲在日常生活中，已经让耐克把优秀视为自己行为的准则，不论何时何地，他都要做优秀的人，包括在这个他不喜欢的大学里学习他不喜欢的专业。他现在唯一能做的就是让自己各科成绩优秀，把文学创作当作业余爱好。

由于他在学校各个方面都非常优秀，毕业的时候，被学校作为唯一的保送生，保送到美国麻省理工学院，攻读连想在经济管理上有所作为的人都可望而不可即的MBA。后来，他又以震惊华尔街的论文，获得了经济管理专业的博士学位。

现在耐克已是美国证券业界知名人士了，他的言行直接影响着美国股市。现在年薪已经五千多万美元的耐克在接受艾尔森采访时，依然不无遗憾地说：“假如生活可以重来的话，我会毫不犹豫地放弃我的年薪和职位，像父亲那样接受别人赠送的鲜花和掌声，我想那才是我想要的生活。这么多年来，我一直为自己没有成为作家、演讲家而成为金融家、投资家遗憾！别看我在金融界可以呼风唤雨，但是我至今为止一点都不喜欢这样的工作和社会角色。”

艾尔森博士为了让耐克帮助自己找到问题的答案，很直接地问道：“既然你被自己不喜欢的大学录取去学习你不感兴趣的专业，你为什么不放弃重来呢？为什么还能取得优异的成绩，并被保送攻读MBA学位？到后来你为什么还能写出震惊华尔街的博士论文？你为什么在自己厌恶的行业里成为年薪五千多万美元的职业经理人？”

耐克听到艾尔森的质问，耸耸肩，双手一摊，似乎很无奈地说：“梦想归梦想，现实归现实。生活中的事情十有八九不受我们个人主宰。上帝把我放在那个位置，我能做的就是把那个位置上的工作做好。这是上帝的旨意，也是我真实的社会角色，我没有任何借口不做到最好。我不喜欢是我个人的事，但我若扮演不好自己已经穿上行头的角色，那就不仅仅是我个人的事了。我不能因为那是我不喜欢的角色就放弃、应付或凑合，必须尽心尽力，尽职尽责。那是对自己负责，对公司负责，对社会负责。如果这个社会上的人都去做自己喜欢的事情，我想美国的年轻人都应该在NBA球场上或者棒球场上，而不是在公司里，那才是非常可怕的事情。”

最后耐克语重心长地说：“责任，可以改变一切，也可以创造一切。”

做自己喜欢的事情才能成功，这句话是对的，但也是不负责任的。如果我们有幸做自己喜欢的工作，确实容易让自己富有激情和动力，能更彻底地挖掘自己的潜力。事实上，不是所有人都能处在自己喜欢的环境里，和自己喜欢的人在一起，做自己喜欢的事情。很多时候，事与愿违才是我们经常碰到的事情。

在法制社会，没有人会强迫我们只能做什么，不能做什么。但是阴差阳错，由于各种我们无法左右的原因，使我们无法随意更改现实对自己的限制，不得已进入自己并不十分喜欢的领域，为了生活从事并不十分理想的工作。

既然我们无法随心所欲地选择，就愉快地接受自己的被选择。任何牢骚、消极、懈怠只能是害人误己，是对自己、对家人、对公司、对社会的不负责。我们唯有把该做的工作当作一种不可推卸的责任担在肩头，全身心地投入其中，才是正确与明智的选择。

作为社会上可有可无的人，我们只有具备了“在其位，谋其政，尽其责，成其事”的高度责任感，才能把自己不喜欢的工作做好，和自己不喜欢的人共事，才能取得连自己都无法预料的成功。

7. 实现梦想的最佳时间是现在

比尔是美国著名的音乐人，他制作的唱片深受年轻人喜爱。在他的麾下，有多名年轻人成为全美乃至世界上的超级歌星。很多梦想成为歌星的人，都渴望投到比尔的麾下，因为他似乎拥有点石成金的能力。

比尔从小就接受严格的音乐教育吗？不是。比尔大学毕业后进入一家大公司上班，待遇也不错，可是他无论想什么办法，都不能让自己全身心地投入到工作中去，他的梦想是做一名出色的音乐人。他为自己如何成为一名音乐人，制订了一个详细的计划。

可是公司要求比尔做的工作实在太多了。工作、吃饭、睡觉几乎占据比尔每天的全部时间，让他根本没有时间实施自己成为音乐人的计划，于是他索性把计划搁置下来。他觉得，成为一名音乐人，仅仅是自己的一个理想，能不能实现连自己都不能确定。即使能实现，也不是一年两年的事情。

有一天，比尔结识了一名词作家麦考尔，两个人成为可以交心的朋友。麦考尔的歌词写得非常好，有几首歌词还被好莱坞著名导演采用，曾经红极一时。通过交往，麦考尔知道了比尔的梦想，也知道了他现在在做什么。

有一天，麦考尔问比尔："你想过没有，五年以后你要过什么样的生活？你好好想一想，认真回答这个问题。"

比尔想了想说："五年后我要做成两件事：一、我要制作全美畅销的唱片；二、能在一家著名的音乐室工作，与世界一流的乐师一起制作唱片。"

麦考尔反问："你对此非常确定吗？"

比尔坚定地点点头，他认为五年后自己真的应该那样生活。

麦考尔说："好，既然你确定了，我们看看怎么才能实现你的目标。第五年，你有一张唱片在市场上发行；那你在第四年必须要跟一家唱片公司签约；第三年最起码要拿出一部让唱片公司满意的作品；第二年你一定要有不错的作品开始录音；第一年一定要把准备录音的所有作品全部编曲，并筹备排练的工作；第六个月你必须把那些没有完成的作品修改好，然后自己逐一筛选，确定哪些更好；第一个月你必须把目前这几首曲子完成；第一个星期你要先列出一个完整的清单，确定哪些曲子需要修改，哪些曲子需要完善。"

说到这里，麦考尔反问道："比尔，如果五年后实现你必须实现梦想的话，你下个星期一要做什么呢？"

比尔还没有回答。

麦考尔接着说道："如果你想在五年后在一家著名的音乐室和一流音乐人一起工作，你在第四年内就应该有自己的工作室或录音室。在第三年内你可能会先跟音乐圈子里的人在一起工作。在第二年内你不应该住在这里，而应该搬到有着浓重音乐氛围的城市纽约或洛杉矶。"

第二年，比尔辞掉了工作，来到了洛杉矶，并通过麦考尔的帮助进入音乐圈子。在麦考尔与他谈论上面所述话题的六年后，他已经在一家著名的音乐工作室工作，他的唱片开始畅销全美。

从比尔成功的经历中，我们可以看出，我们树立目标很容易，制订实现目标的计划也不难，难就难在我们立即采取行动，把计划落在实处。

事实上，在我们忙于生计的同时，坚持每天都向目标靠近是很难的一件事。我们人生的重大目标，要经过几年甚至十几年的努力，才有实现的可能。这是一个漫长的过程，不是一朝一夕就能达到的，不能一蹴而就。有时候我们就会想，既然罗马城不是一天能修完的，现在我们还有好多事情要处理，自己确实很累很忙，把目标往后放一放也无所谓。

于是，我们心安理得地把自己制订实现目标的计划搁置，既要忙于工作中烦琐的杂事，还要朋友、同事一起闲聊、玩耍嬉戏，保持正常的社交关系。这样一来，我们就不知不觉地把自己向目标靠拢的行动计划全都忘到脑后了。

身处信息如此发达的时代，面对很多事情，我们不是想得太少，而是想得太多，而且对与实现目标无关的东西、消极的东西、负面的东西想得太多，最后让这些东西逐渐积攒成山，足以压垮自己。望着眼前臆想出来的高山，我们觉得自己根本无法跨越，于是便选择退却或者逃跑，或者干脆趴下不动。

我们的父辈不成功，他们的价值取向很难对我们产生积极的影响。我们又穷怕了，想赢怕输，导致心态很容易被自己身边的人和事干扰，尽管那些事情与我们并没有多大的关系。

我们总对自己说，最近工作上的事情特别多，什么事情都得自己经手，一是没时间，二是精力不够，整天忙得手脚朝天，累得要瘫痪。等以后有时间了，我再好好学习，好好锻炼自己也不迟。

我们一直以这样的方式告诉自己，其实也是在骗自己。反思一下，我们说自己忙，确实是如此。要说没时间，那是真的吗？我们是不是每天在工作完成之后，便习惯性地泡在网上跟别人聊天、打牌或者看电视？是不是晚上和朋友出去吃饭，一顿饭吃几个小时？是不是玩电脑游戏一玩就玩到天亮？

事实上，我们干什么事情的时间都有，就是没有真正实施计划的时间。我们这样做，很可能是因为我们对现在的生活状态很满足，而没有静下心来认真思考：自己目前所在的这家公司、在这个社会、在这座城市、在你喜欢的行业是什么位置，自己又想到什么样的位置上去？

我们不知道自己处于什么位置，就永远找不到让自己放心让自己满意的位子。

其实成功的人与没有成功的人没有什么区别，只是成功的人把自己想到的都做到了而已。他在与我们一起坐车的时间里思考问题，他在我们聊天玩耍的时候学习，他在我们认为没必要珍惜的几分钟里为自己要实现的目标努力。就这样，他成功了，我们没成功。能成功的人，不一定是聪明的人，但一定是勤奋和刻苦的人！

社会上各种诱惑那么多，我们容易找到各种理由和借口，让自己接受自己的放纵，接受自己随波逐流。对自己的不努力不上进，没有任何反思和羞耻了，接受了，麻木了，正常了。

直到有一天，我们发现自己连理想的工作都找不到了，自己已经被时代被社会淘汰出局了，想努力也来不及，才知道后悔，才感觉自己生活在社会的最底层是多么的悲哀。然而，那时我们唯一能做的，就是对从不以我们为骄傲的下一代说，“孩子，要努力，不要过老爸这样的生活，这样的生活太苦了”。但很多残酷的事实提醒我们：望子成龙不如望己成龙！

在人生目标没有实现之前，我们千万别觉得自己年轻，有大把的时间可以随意浪费，什么事情以后再做还来得及。一晃一年，两年，三年……等我们三十五岁之后，精力不在，激情不在，有想法没办法，也只能重复自己无比厌恶的日子，一眼就能把自己一辈子看穿！

我们年轻时这样，年迈时必然会那样！

8. 蜕一层皮就获得一次成长

有一天，龙虾与寄居蟹在深海中相遇。寄居蟹看见龙虾已经把自己的硬壳脱掉，裸露出娇嫩的身躯。

寄居蟹见状，非常紧张地提醒道："龙虾，你犯什么傻啊？怎么能把唯一保护自己身躯的硬壳放弃呢？没有外壳，那些大鱼会一口把你吃掉的！看看你现在弱不禁风的样子，急流都能把你冲到岩石里去，到那时你不死才怪呢！"

龙虾气定神闲地回答道："谢谢你的关心！你不了解，我们龙虾每次成长，都必须先脱掉旧壳，以此换来成长的空间。我们也只有放弃旧壳，才能生长出更大更坚固的外壳。现在我们选择面对危险，只是为了将来变得更强壮，更强大！"

寄居蟹听罢，羞愧难当。它们因为害怕承担风险，整天四处寄居躲藏，换来平庸的稳定和安全，却从未想过如何让自己变得更强壮。龙虾与自己的身价之所以有天壤之别，也可能是源于此吧！

因为自己天真幼稚，年少无知，我们在走入社会之前，都会有很多想当然的想法，认为社会和社会上的人，都应该诚实守信，遵规守纪，彼此尊重，平等相处，公平交易。但是在我们真的踏入社会后，发现社会竟然与自己期待的大不相同，甚至截然相反。我们的一切看起来都与这个时代格格不入，不论是对的还是错的。

即使对社会、对自己的生存环境存在着很大的不适应，我们也不能因为自己的不适应而不断地去寻找自己理想中的工作环境。可以说，越是与我们理想中环境相符合，越是不利于我们的成长和成熟，越不利于我们判断人和问题。

在社会这个大集合里，大多数的我们都是微不足道的、没有背景、没有退路的小分子，因此明白适者生存的道理是非常重要的。现实要求我们必须适应自己所在的环境，而且还要力争与环境做到和谐统一。在这个过程中，我们的毅力、坚忍力、分辨力、应变力等很多能力得到提高。

当然，这里讲的做到和谐统一，不代表被环境同化，在适应环境的过程中随波逐流。我们应该时刻保持清醒的头脑，在以实现自己人生终极目标的前提下，坚持自己做人处世的原则，知道自己从什么地方来，要到什么地方去。

因为我们的想法很简单，就是希望自己和家庭因自己而变得更好。因此，不论在什么环境中，我们必须有强烈的征服欲望，有永远争第一的想法。不论什么事情，我们都要力争做到完美，让自己的能力在某一个平台上充分地得以展示与释放，这样才能让自己得到充分的锻炼。

之所以要这样做，是因为目前这份工作是我们实现人生终极目标的一部分，而不是全部。

自身的惰性，社会上的诱惑，会让我们在工作期间养成好多不良的习惯，其中就包括依赖和依靠的习惯。我们明知道这种习惯是千万要不得的，但是，它们又是我们防不胜防、难以摆脱的吸血鬼。

我们一旦被这个吸血鬼附身，身体和大脑就会变得异常慵懒，就会不断地扼杀自己的激情，对一家公司一个组织无比的依赖，进而失去独立自主、开拓创新的能力，认为自己离开这些组织和这些人，就生存不下去。所以，我们就把自己所有的心思全部放在毫无上升空间的工作上，把自己所有的精力全部集中在已经彻底僵化的的平台上。

我们要想不泯没在众生之间，在拥挤的社会金字塔底层脱颖而出，就必须建立自己离开谁、离开哪个组织都会过得很好的信心，也必须要为自己能驾驭、掌控一个团队而不断补充能量。

既然我们已经无路可走，那么我们最有权利为自己修一条新路。

我们经常习惯犯的错误就是，只要自己还能应付所从事的工作，只要工作环境还可以，获得的收入不上不足比下有余，老板暂时还没有对我们说不，我们就会对自己所从事的工作和工作单位存在依赖感。

一成不变的生活，机械重复的工作，会让我们逐渐变成为工作而工作的木偶，不再有激情，不再有想法，就像日出而作日落而息的农民一样。

这是被贫穷吓破苦胆的人容易犯的错误。因为穷过，知道贫穷会让我们毫无尊严、毫无底线地做出各种违心的选择。我们一旦解决了温饱进入小康的生活状态，或者是达到工作和生活的满意状态，我们的惰性随之而来。

如果我们对此没有意识到的话，等到新的危机出现时，毫无应对准备的我们只能成为埋单的牺牲品。

“身处生存之上，生活之下”的尴尬状态时，更需要我们拥有不断追求的激情和魄力。我们生来自身就带有惰性和依赖性，特别是在一个熟悉的环境里待久了，我们自然会对陌生的环境感到恐惧。即使在熟悉环境里没什么太大的收获，只要稳定，只要能拿勉强糊口的收入，不到万不得已的情况下，我们还是不想离开那个环境的，这是人性弱点之一。

我们当中很多人在这种情况下，沦为温水中的青蛙，在不知不觉中失去激情、失去征服欲和创造欲，变得平庸麻木，对生活采取维持和凑合的态度。

经过在职场里的磨练，在社会江湖上的捶打，我们已经具备了一定的实力，与刚毕业的时候已经不可同日而语。这时候，我们可以与公司的老板讨价还价，而且低于现在这个待遇我们就不要去做，最起码在工资待遇上应该是这样，否则就自己做！

在缺少真正尊重的时代，我们拿自己当人看是应该的，也是必须的。

9. 给达成目标一个期限

很多人对这段话依然记忆犹新：

“曾经有一份真挚的爱情摆在我的面前，可是我没有好好珍惜。现在想想后悔莫及。人世间最痛苦的事莫过于此。如果上天可以给我一个再来一次的机会，我会对她说：‘我爱你！’如果一定要在这份爱上加一个期限，我希望是一万年！”（出自周星驰主演影片《大话西游》）

当自己爱的人离我们远去成为别人的新娘时，我们说出这样的话，可以被称为“情圣”；如果当我们上了年纪，觉得自己已经对这个时代无可奈何的时候，说：“曾经有很多美好的计划摆在我的面前，可惜我从来就没有采取具体的行动，现在想想后悔莫及。人世间最痛苦的事莫过于此。如果上天可以给我一个再来一次的机会，我会对自己说：‘马上行动！’如果一定要给实现这个计划加一个期限，我希望是最多三年！”

如果我们现在就那么做，将会怎样？

作为出身社会底层来自弱势群体的我们，目前最大的资本就是年轻，有大把可以挥霍的时间。这的确是我们的资本，事实上往往会被我们浪费，并输在人生中最为关键的阶段。导致这种现象产生的最直接的原因，还是因为我们年轻和时间太富裕。

因为自己年轻，我们总觉得做什么都来得及。看到比自己优秀的人，我们就会对自己说，“等我到了他那样的年龄，一定会比他强，比他更富有”。于是，我们心安理得地该玩玩，该乐乐，一切都无所谓，一切都等明天再说。

明天成为我们走向人生地狱的阶梯，在不知不觉之中，我们顺梯而下，不知不觉中便走到人生的终点。那时，当我们看自己两手空空的时候，说什么都晚了。也只有在那时候，我们才会意识到，自己才是这辈子骗自己最苦的大骗子，骗了自己一辈子。那么多近乎完美的计划，只要当时做一个详细的规划并马上行动，都可以实现，自己就会成为另外一个人。遗憾的是，我们给现实那些计划的期限是下辈子。

我们有一个计划是好事，但必须要给实现这个计划一个期限，到什么时候必须完成。只有那样做，这个计划才会成为我们从卧室爬到天堂的梯子。

假如我们实现一个计划必须是四小时、四天、四周、四个月或者是四年，否则就会死亡，那么我们一生将会实现多少个计划呢?

为什么要这样说呢?因为海獭觅食的时间只有四分钟，潜水觅食的结果只有两个：要不在四分钟内捕捉到食物回到海面，回不到海面就被淹死；要不就是捕捉不到食物，捕捉少了就会冻死，捕捉不到就会饿死。

海獭生活在北太平洋阿留申群岛周围的冰冷海域中，根据动物学家的研究，它是由大约在五百万年前移居到海边，栖息河川的水獭进化成海獭的。因此它不像其他海生动物那样善于长时间潜水，它每次潜水的时间只有短短的四分钟。

海獭生活的地方异常寒冷，它只靠两样东西抵御严寒：一是它身上长着茂盛密集的毛；二是靠每天吃掉大量海鲜产生大量的热量。它是世界上食量最大的动物。这么说，并不是它一次吃的东西最多，而是它一天必须吃三分之一体重的食物才能维持自己的生存。成熟的海獭体重约为六七十磅，它每天至少要吃到十几磅到二十几磅的海鲜才能保证不被冻死。

海獭的头很小，身躯肥胖，前肢短而裸露，后肢长而扁平，趾间有蹼，呈鳍状，适于游泳和潜水。海獭主要生活在海中，仅休息和生育时上岸，甚至睡觉时也在海里漂浮。它们几乎不到陆地上活动，也从不远离海岸。夜晚，它们能在海面上过夜睡觉。与其他海兽相比，海獭的游泳速度算是比较慢的，每小时仅十至十五千米。

海獭主要以贝类、鲍鱼、海胆、螃蟹等动物为食，所以它经常潜到海下三至十米处活动，有时潜到五十米深的海底寻找食物，能潜水的时间至多是有四分钟。它要想活命，必须对每个四分钟好好地把握和运用。

正因为海獭非常清楚自己捕猎的时间有限，每天至少要捕捉多少食物，所以它每次潜入水中之后，都会立即锁定自己捕捉的目标，然后以简单、快捷、实用的办法抓捕猎物，一秒钟时间都不敢耽误。抓到猎物后，它必须要在肺里的氧气用完之前返回海面。

在大海里，海獭捕捉食物，可以说没有任何优势可言，但是它的四分钟观念，让它在那冰冷的世界得以存活。

有人会说，我们和海獭没有任何可比性，它仅仅是捕捉猎物，我们还有很多事情去做，没完没了的琐事，没完没了的烦恼……我们是有想法没办法，有骨气没脾气！

假如我们像海獭那样，一天中的每个四分钟都决定着自己的生死存亡，那么我们肯定不会抱怨半个小时，发一个小时的牢骚，心情不好等明天再说……

如果我们至今依然无所事事，原因不是我们没有目标，而是目标太多，想得太多，做得太少。我们没有切实的危机感，总觉得一切还来得及，明天再做也不晚。我们在选择时犹豫不决，在机会前患得患失，结果便是混了一天又一天，混了一年又一年。

年轻就是资本，年轻就输得起，这种说法没错。但是，我们不能把“混”和“输”这两个概念混淆了。“输”是有了计划，在实施中失败了；“混”是没有计划，或者有计划没有实施。输没什么可怕，我们输一次就离计划的实现近了一步，而混，只能把计划混得离我们越来越远，直到把计划从自己的记忆里抹去。

同时有两个目标就不是真正的目标。如果我们有彻底翻身的想法，应该一次只给自己树立一个目标，然后给达成目标一个期限，在这个期限里要么成功，要么放弃。

只有这样，我们才能保证自己成功后会收获一笔财富，放弃后会收获一份清醒。

第七章

宁可强得让人羡慕，也不能弱得让人可怜

你把自己当人看、当人才看，是应该的，也是必要的。

这个世界，没有你想象的那样好，也没有个别现象证明的那么坏。

在自身能力有限或者受限时，你唯一能做的，就是揉碎糟糕的时代，塑造顽强的自己。

1. 你所遇到的事情，都是因你而发生的

我们走入社会，走进职场，经历失败和挫折在所难免。我们不是遇到这样的问题，就是遇到那样的麻烦，仿佛连仁慈的上帝都跟我们过不去，毫不客气地对我们这样的弱者说“不”。

深陷在一个个自己制造的、别人制造的、上帝制造的麻烦漩涡里，我们不禁问：这是为什么？但是，没有人能告诉我们这是为什么！和我们有关的麻烦，我们自己都想不清楚，别人又怎么能明白？

按照中国佛学讲究的因果关系分析麻烦，我们遇到的每个“恶果”，都不是无缘无故的。一切和我们现在有关的麻烦，都是我们以前的选择结果。我们当初做出什么样的选择时间，就已经注定现在要承受由这个选择带来的结果，即使有些结果并不在我们的意料之内。

在美国，有这样一个故事。约翰出差很久，着急回家与妻儿团聚，便开着汽车在高速公路上飞速行驶。行驶一段时间后，前面出现几辆车并排行驶，速度都差不多，把他死死地挡在后面，这让他很着急。经过观察，他最后选择紧跟在一辆载重卡车后面，然后再伺机超过去。

载重卡车上装满货物，货物在车上摇摇欲坠。突然，约翰感觉眼前一黑，什么都看不见了。原来，载重卡车上捆绑货物的绳子松

了，货物掉下来重重地砸在约翰的车子上，瞬间就把他的车砸扁。

急着回家的约翰没有回到家里，而是被人送进医院。经过医生的抢救，他虽然保住一条命，但失去了健康的双腿。他的后半生只能在轮椅上度过了。

意外飞来的横祸，改变了约翰的生活，也把他的精彩的人生画卷彻底涂黑。为此，约翰想不通，他埋怨那个卡车司机，为什么要违法超载？为什么不用结实的绳子把货物捆牢？有那么多车辆行驶的高速公路上，货物为什么偏偏砸到自己而不是别人？为什么？为什么？约翰有太多的为什么要问，可是没有人能给他答案。他能做的，就是在轮椅上生闷气，抱怨着。

约翰认为自己是世界上最倒霉的人，最不幸的人。对他来说，上帝是在刻意捉弄他，给了他一个灰暗的人生，剥夺了他享受美好生活的权利。于是，他整天地唉声叹气，甚至想到自杀。他实在接受不了上帝这样的安排。

妻子发现约翰有自杀倾向，便请来当地一位著名的心理医生来到家里。还没等心理医生说话，约翰一口气问了心理医生十几个为什么。心理医生没有正面给出答案，只是默默地听着约翰抱怨。约翰抱怨完了，心理医生才委婉地问他几个问题。

医生问："是谁让你选择开车回家的？而没有乘火车或者飞机？"

"是我。"

"是谁让你选择在那个时间段回家？晚一天回家不成吗？"

"是我。朋友确实建议我多玩几天，可是我拒绝了他们的好意。"

"回家的路有那么多条，是谁让你选择走这条路？这条路上车辆是最多的。"

"是我。因为走这条路回家的路程最短。"

"在高速公路上，明文规定两车的距离是 200 米，是谁让你选择紧紧地跟在那辆车的后面？并排行驶的有三辆车，又是谁让你选择跟着超载卡车后面？"

约翰红着脸，低着头，若有所思地回答说："依然是我。"

心理医生继续说道："超载卡车的货物没有绑紧，货物要坠落，不可能一点前兆都没有，你作为成年人，肯定清楚货物砸到自己的后果是什么。绳子松了，车子向前行驶，货物肯定要砸在紧跟在后面的车上，这个结果谁都无法改变。如果没有砸到你，也可能会砸到别人。货物砸到你车子上的灾难，是谁让它发生的呢？如果你选择在其他时间段走别的路，并与前后车辆保持足够的安全距离行驶，那么即使那辆车的东西掉下来，也不会砸到你，对不对？所以，你刚才问我那么多为什么的答案，应该是什么呢？是谁的选择导致你后半生坐在轮椅上呢？"

约翰若有所思，身体不由自主地抖动着。

心理医生继续说道："既然这些都是你的选择，你就没理由再抱怨什么。世界上，每一秒钟之内都有车祸发生，并剥夺了很多人的生命。你只是千万遭遇车祸人中的一个，而你失去的仅仅是两条腿而已。世界上的残疾人不只你一个，他们当中有的人做出的成绩都让健全人汗颜。现在你又有两个选择，一是草率地结束一生，让爱你的人和你爱的人更加痛苦；一个是笑对人生，继续你的精彩生活，成为爱你的人和你爱的人的骄傲！"

既然自己遇到的不幸是自己的选择，约翰就再也没有勇气抱怨了。他再一次选择了重新面对生活，加入残疾人轮椅击剑俱乐部练习击剑，最后成为残奥会轮椅击剑冠军。

在这个世界上，对我们每个人来说，最困难的事情恐怕就是做选择了。可是我们还必须做选择，简单的有一日三餐吃什么，约见什么人，以什么样的心情去工作；大到做什么样的投资，选择谁做自己的合伙人。一个选择，不仅仅是对应着一个结果，而是 N 个，我们最期待的结果还不一定在内。

也许有人会说，我今天什么选择都不做。什么选择都不做也是一种选择，与这个选择对应的结果就是你明天不会有什么收获，没有收获也是一种结果。

由此看来，我们所遇到的任何结果，都是因当初我们的选择而发生的。今年的选择，对应的结果也许在明年、或者后年、或者十年后会显现，总之，该来的一定要来，从来不会迟到或缺席。

任何人的一生都不是一帆风顺的。我们追求的越多，遇到的困难、挫折和失败就会越多。我们步入社会，就不能不向社会索取物质财富和精神财富，也就不可避免地要经常被挫折上堂课。

在逆境中，我们可以把自己的不幸归咎于别人、诅咒社会不公平，但不论我们怎样抱怨、哀怨，都不能改变既成事实。即使能获得同情，事实上对我们摆脱逆境也是毫无作用。我们不自救，就没有人能救得了我们。

所以，无论我们现在境况如何，遭遇什么，一定要明白，发生在自己身上的一切，都是以前的选择，怨也只能怨自己。我们能做的就是坦然地为自己当初的选择买单、负责，并从这些挫败中吸取教训。不管这堂“课”的代价有多大，以后会证明我们现在的接受都是值得的。

没有人、特别是来自社会底层已经伤痕累累的我们，愿意再次遭受痛苦和失败。这就要求我们在做选择时，谨慎考虑，不能跟着感觉走。别说什么只在乎曾经拥有，别说什么活在当下，只要我们选择了，就得面对选择带来的结果。

因为身无长物，心有所向，所以我们自此凡事都必须做最正确的选择，才是规避不幸和失败的最佳防范措施。

2. 贵人不一定是好人

因为我们是一个人在社会中战斗，以小米加步枪的装备挑战武装到牙齿的竞争对手，所以我们特别希望能得到好心的贵人相助或提携，进而缩短自己与人生的距离。

何为贵人？百度百科给出这样的解释：贵人，皇帝妃嫔封号之一。东汉光武帝时始置，其位仅次于皇后。后世也把贵人当作对地位尊崇的人的尊称，有时也把贵人当作对自己有很大帮助的人的尊称。

现在我们在21世纪的社会上行走，如果不能穿越到古代，只有在盗墓的时候才有可能碰上皇帝的贵人，而且还是一具不再完整的骨架。那种贵人，我们最好敬而远之，否则就会有组织对我们采取劳而改之的行动。

我们在社会中千里走单骑，深陷重围孤立无援，确实需要一些热心、善良的贵人相助。如果在我们人生的几个关键时刻，给力的贵人能搭把手，我们便可以借助贵人的资源和力量，迅速缩短与梦想的距离，提前在期盼已久的位子上落座。

在我们的心目中，贵人应该是能量巨大、资源丰富、光明磊落、虚怀若谷、正直善良、大公无私、和蔼谦卑、包容大度的好人、高人或善人。

于是，我们一直按照这样的标准寻找自己的贵人，不是这样的人，我们敬而远之，避而闪之。在多一事不如少一事、没有好处不办事、有了好处乱办事的年代，我们那些并不过分的所求，即使是某些人的举手之劳，他们也不屑向我们这样的屌丝伸出援助之手。

那些穿西装的人，谁也不愿意把脏兮兮的破麻袋背在身上。于是，我们有了“贫在闹市无人问，富在深山有远亲”的抱怨。

事实上，这种尴尬源于我们对贵人的定义错误。我们的贵人，是能对我们提供很大帮助的人，不一定是好人、善人或高人。在我们实现目标过程中，不管某些人出于什么动机，只要愿意拉我们一把，带我们一次，送我们一程，他们就是我们的贵人。

一代枭雄多尔衮，在中国妇孺皆知。从崇德皇帝皇太极去世之后，多尔衮做了不是皇帝的皇帝，为满洲人入主北京、定鼎中原立下了汗马功劳，为爱新觉罗家族统治中国近三百年奠定了坚实的基础。

当然，多尔衮的成功也需要有贵人相助。他的贵人是谁？就是逼他生母殉葬、篡夺本属于他的汗位、剥夺他即将得到的旗主地位的皇太极。

皇太极对多尔衮而言，绝对不符合我们心目中的贵人标准。他只在乎自己的需要，从不考虑别人的感受。他的心目中只有自己的目的，根本不在乎为了实现目的，是否使用合理、合情甚至合法的手段。

聪明的多尔衮心里很清楚，皇太极即位后让他吃了很大的闷亏。但是，如果他像哥哥阿济格那样，抱怨、咒骂、死磕和蛮干，公开反对皇太极，或者破罐子破摔，只能遭来更严厉的打击。皇太极与其他三大贝勒握有生杀予夺大权，他们找个理由弄死他这个不到14岁的毛孩子，就像踩死一只蚂蚁那么容易。

在皇太极即位时，多尔衮还是一个孩子，寸功未立，和皇太极手下的“五大金刚”根本无法相提并论。从多方面看，多尔衮在后金政府里，如果没有人提携帮助，根本没有前途可言。他与后金政府里其他已经得势的少壮派贝勒相比，只有劣势，没有优势。

作为弱势群体的多尔衮意识到，他要想在后金政府内出人头地，就必须让皇太极成为他晋升、掌权的贵人，因为只有皇太极有这个能力、这种能量。

于是，多尔衮对他的人生进行规划，并附有明确的行动准则。

1. 紧跟皇太极，他永远是对的。时时、事事站在他的立场上。

2. 抓住一切机会，表现出自己有足够大的利用价值。

3. 想尽一切办法获得皇太极的信任和支持，并积极培养自己的势力和力量。

多尔衮为了实现他的个人目标，制定了名为“尊汗抑王”的发展计划。他的“尊汗抑王”计划，分为“尊汗”和“抑王”两部分。“尊汗”，就是时时、处处维护皇太极的利益、立场，为皇太极实现大权独揽的目标，可以做任何牺牲。“抑王”，就是抑制代善、阿敏、莽古尔泰三大贝勒。巧妙利用三人之间的矛盾、弱点和失误，在保护好自己的情况下，给予坚决、彻底的打击。

多尔衮没有把他的计划写在纸上，而是记在心里，并立即采取实际行动。皇太极为了打压代善、阿敏和莽古尔泰，实现他朝纲独断的目标，正在四处寻找高素质的打手。于是，他与多尔衮几乎一拍即合，各取所需。

1628 年，多尔衮的表现机会来了。蒙古察哈尔多罗特部屡次劫杀金国使臣，让皇太极很没面子。他见蒙古察哈尔多罗特部兵力不强，内部不和，就决定捏捏这个不老实的软柿子。

于是，皇太极带领多尔衮、多铎，率领偏师前去讨伐。

这是多尔衮有生以来第一次上战场，虽然有些心虚，但是在出征前，他就暗暗告诫自己，这一次一定要严格遵守军纪，服从指挥调度，一定要发挥自己的聪明才智，带好兵，打好仗，既要表现出自己的勇猛，又要突出自己的谋略。

15 岁半的多尔衮，为这次上阵做了充分的准备。在战场上，他的表现的确非常出众，让皇太极眼前一亮。回来之后，皇太极便赐给多尔衮“墨里根代青”称号，意思是，既聪明又智慧的人。

皇太极经过种种考察、验证后，发现多尔衮确实是能帮他实现个人目标的理想人选。多尔衮也通过在各种场合、各种事件中，拿出了令皇太极刮目相看的表现，因此获得了皇太极的欣赏和信任。所以，皇太极甘愿成为多尔衮的命中贵人，毫不吝啬地提拔多尔衮。

1626 年 8 月，多尔衮在皇太极继承汗位时，还是一个小小的台吉。在皇太极的提携和支持下，多尔衮成为后金政府官员中晋升速度最快的人。

1628 年 3 月，多尔衮接替哥哥阿济格之职，成为正白旗的主旗贝勒。

1631 年 7 月，后金政府成立六部，多尔衮被任命为吏部统摄，位居后金政府百官之首。

1636 年，皇太极改汗称帝，改后金为大清，分封群臣，多尔衮被封为和硕睿亲王。那时，在庞大的爱新觉罗家族中，仅有六人获得亲王爵位。

1644 年，皇太极去世，多尔衮辅佐年幼的福临管理国家，实际上已经成为大清帝国的头号人物。

如果说没有皇太极的提拔和重用，多尔衮有天大本事，他也不会一年几个台阶地晋升，最后位居万人之上，权倾天下。皇太极是多尔衮生命中的贵人，这一点无法否认，无可厚非。

多尔衮化劣势为优势，寻梯过墙的官场发展历程提醒我们：贵人，不一定就是好人。

我们习惯性地认为，所谓的贵人，就是愿意主动、无条件地赏识、支持、帮助我们的好人。正是因为我们对贵人的误解，才导致众里寻他千百度，踏破铁鞋无觅处。

我们可以把身边的人分成好人和坏人，也可以分成我们需要和不需要的人。我们事业的发展，就必须依靠我们需要的人。这样的人，不一定必须是传统意义上的好人，也不一定是我们敬佩的人。只要在不违反法律和侵害他人利益的前提下，任何能给我们提供支持的人，都是我们的贵人。

机遇和贵人，不会毫无理由地出现在我们面前。

在资源、资本上暂时处于劣势的我们，必须明白一个道理：贵人不会平白无故地赏识一个人，更不会无条件地支持一个人。即使他不想在此过程中获得什么好处，但他绝对不会因为帮助别人而给自己的生活添乱。

世界上没有无缘无故的支持，也没有无缘无故的帮助。我们要想得到贵人的赏识和帮助，就必须让他们认为值得这么做，有必要这么做。

所以，只要我们对自己有要求，对生活有所求，就不能凭义气用事，不能跟着感觉走。不要总问别人凭什么，而是叩问内心要什么。我们要想实现一个目标，就必须清楚自己需要什么，别人又需要什么。我们只有先满足别人的需要，别人才有可能愿意满足我们的需要。

3. 人有时候不是人

我非常喜欢王朔的那句戏言，“你把我当人看是应该的”。

在理论上，同为社会一分子，无论高贵还是卑贱，都应该把对方当人看，给予必要的尊重。事实上并非如此，还可能恰恰相反。

我之所以喜欢这句话，是因为在某些时候，别人不想把我们当人看。在他们眼里，我们就是一块没有脾气的橡皮泥，他们想怎么捏就怎么捏，想捏成什么就捏成什么。

很多地方均处于弱势的我们，在与一些人交往、相处过程中，从未奢望过公平。这不是我们没傲气，也不是我们没傲骨，而是简单的生存让我们是虎也得卧着，是龙也得盘着。一部《忍经》，一部《挺经》，明明白白地提醒我们，是可忍，孰可忍，无法再忍继续忍。

不是我们活得没有尊严，而是人有的时候不是人。他们穿人衣，说人话，就是不干人事。有理由，他们会伤害我们，没有理由制造理由也要伤害我们。因为他们手握利器，我们手无寸铁。

他们如此对待我们，是因为在他们心目中，一无法，二无天，只有自己的感觉和感受。至于别人的利益和权利，他们不想，也不屑去想。只要在他们的管辖范围之内，权力覆盖之下，就不存在他们不能做的事，不能整治的人。在没有监督、制约的情况下，他们已经达到为所欲为、肆意发挥的地步。

心无敬畏，人如野兽。上级监督，太远；平级监督，太软；下级监督，不敢。某些领导在流于形式的监督机制下，各种欲望无休止地膨胀，人性的阴暗面日益放大。他们是游戏规则的制定者，却一直和我们玩无规则游戏。没有好处不办事，有了好处滥办事。

虽然每个公司都有各种规章制度，但在某些领导大权独揽、专断独行的淫威之下，制度就成为写在纸上、挂在墙上、说在嘴上的装饰品。在各种潜规则中，出现了制度服从内部规定，内部规定服从领导指示的现象。

某些公司里，在利益分配上，从来都不是按照给公司做出的贡献大小分配，而是按照级别、资历大小分配。同一级别，按照与领导关系的亲疏分配。所有的分配原则，向来都是先比赛，后裁判，或者按照领导的选择性、倾向性分配。能得到的人，在什么情况下都能得到；不能得到的人，在什么情况下都无法得到。

特别在晋升、分房、年终奖方面，作为弱势群体的我们，经常成为可有可无的看客。资格，是算出来的。至于怎么算，按照什么算，一年一样，一次一样。总之，最后我们总会被巧妙地算计，游离于本属自己的利益之外。那些利益堂而皇之的归属他人，与我们无关。

其实，我们的要求并不多——应该给我们的，打个折扣给我们就可以。即便是这样已经数次突破我们承受底线的诉求，在一些领导的眼里，却成为我们不知足、不知止的奢求。他们觉得赏赐我们一个赚钱的机会，得到能维持温饱的收入，我们就应该对他们感恩戴德。

作为善良之人，我们总以为别人做事会有底线，会有所顾忌。事实证明，我们这样想是天真的，是错误的。我们不但被玩，而且被人绑起来玩，还不允许我们反抗，甚至抱怨。

身处这样的公司，面对这样的领导，作为经常被领导“照顾”的人，我们往往是干得比驴还苦，拿的比鸡还少。为此，我们活得既悲壮又可怜，根本无法淡定。

猪拱地，狗咬人，我们不会计较，因为它们就是一个畜生，不懂得礼义廉耻。我们之所以憎恨那些人，之所以抱怨那些事，是因为我们还把那些人还当人看，质疑他们为什么披着人皮不干人事。

于是，我们生气、郁闷和闹心。这又中了那些人的下怀。他们那样做，目的就是让我们难受，在难受中放弃我们做人的底线和原则，凡事考虑他们的想法，满足他们的需要，甘心成为供他们奴役的工具。

可惜的是，我们把自己当人看，把他们也当人看。他们成不了一手遮天的爷，我们也做不了只有一副奴骨的工具。是人才，就做不了奴才。奴才是天生的，是需要天赋的。

人为屠夫，我为羔羊。我们不服，他们专治不服。被杀、被剐、被凌迟就是我们无法规避的结果。

让我们最痛苦的，不是我们面对的结果，而且思考他们为什么要给我们这样的结果。在我们的思考能力范围内，根本无法找到答案。原因很简单，我们是按照正常人的思维思考，他们做的却是没有人性的事。

人，有时候并不是人。他们不把自己当人，也不把我们当人看。我们再按照人的标准要求他们，绝对是自讨苦吃，郁闷的只有我们自己。

如果我们不把那些人当人看，他们做什么、怎么做，我们都为认为是正常的，均在意料之内的，无论剥削还是剥夺，违法还是违宪。

我们这样做，不是自欺欺人，而是避免跟一些自己在乎不起的人和事较真或较劲。没有打虎艺，非得上山岗，最后吃亏遭罪的只能是我们自己。

韩国著名的元晓禅师，曾经说过一段令人深省的话："我曾经尽一切力量也无法阻止一朵花的凋谢，甚至集一百个神通力也无法阻止无常的来临。因此，不管你愿不愿意，世间的无常是无法避免的。”

赶一个时髦，我们把元晓禅师这段话称为“元晓体”。我们可以套用一下“元晓体”，简单明了地来形容我们在职场尴尬的境地。

“我曾经尽一切力量也无法阻止一个人的卑鄙，甚至集一百个神通力也无法阻止无耻的来临。因此，不管你愿不愿意，世人的无耻是无法避免的。”

把卑鄙无耻的人当人看，与他们谈底线，无异于对牛弹琴，对驴讲经，难受的只有我们自己。对于他们卑鄙无耻的行径，我们不看，不想，不在乎，惹不起还能躲得起。只要我们把自己当人看，对那些人不期望，就不会纠结于无法改变的事情之上，就能做到淡定、淡然。

让群魔们尽情地阴暗吧，让宵小们忘我地龌龊吧，我们既不悲观，也不旁观，而是当作与己无关。我们能做的，就是养自己的家，糊自己的口，审视自己的内心，把握自己的位置。其他的，都是其他的。

把一些人归于非人类，是一种生存手段，让我们把自己的心力、精力、注意力集中在自己想做、能做的事情上。

糟糕的社会，把人已经分为穷富、强弱和贵贱了。既然世界无法改变，我们只能改变自己。很多人、很多事，我们陪不起，也伤不起，只能让上帝的归上帝，撒旦的归撒旦，王八蛋的归王八蛋。

4. 每个人都是按自己的需要出牌

过去的一年，发生了很多令人匪夷所思的事，因为与我们同处社会这张牌桌上的人，都不再按既定游戏规则出牌了。

没钱的养猪，有钱的养狗；没钱的想结婚，有钱的想离婚；没钱的老婆兼秘书，有钱的秘书兼老婆；没钱的假装有钱，有钱的假装没钱。

每个人都不说实话。说股票是毒品都在玩，说金钱是罪恶都在捞，说美女是祸水都想要，说高处不胜寒都在爬，说烟酒伤身体就不戒，说天堂最好都不去。

这是为什么呢？我们对自己难以理解的问题，总是习惯问为什么。已经发生的事情提醒我们，很多问题的背后，根本找不到真正与其对应的答案。

我们都玩过麻将。在玩麻将的过程中，桌前的四个人都会以自己手中现有的牌为基础，设计打牌的思路，不但在欺骗上家、卡着下家、盯着对家的同时，还要根据自己所抓的牌随时做出调整，目的只有一个，尽可能第一个和牌，赢得更多的钱。

也有人不这样打麻将的。别人需要什么牌，他们就打出什么牌，尽可能让别人和牌、和大牌，从他们手里赢走更多的钱。这种“经常点炮，故意输钱”的玩法，俗称打业务麻将，更是按照他们的需要出牌的。他们的目的不在牌内，而在局外。

我们在社会上行走，就类似打牌。我们手里都有独属于自己的牌，不玩不行，玩不好也不行。至于如何才能正确的抓牌、出牌，往往是根据自己的需要。

某种需要，在某些时候的作用，能超乎我们的想象。

每个人都有自己的需要，也都时刻想办法尽可能的满足自己的需要。

请不要拿道德说事儿。不涉及实际利益、不身临其境、不身遭其事的人都有至高无上的标准，譬如微博上加 V 的那些“公知”们，不论针对什么问题，他们都会无休止地标榜自己的正确。如果世界上有那么多人正确，确实是一件很危险的事情。

暂时放下那些“公知”们不提，史上那些时刻把“忠孝礼义仁智信”挂在嘴皮上的饱学之士，在面对生死抉择时，也依然会根据自己的需要出牌。

公元 1644 年 4 月，李自成把明朝帝都北京变成史上巨大的麻将桌。曾经在老百姓面前作威作福、在皇帝朱由检面前满口忠义道德的官员大佬们，不得不坐在这张麻将桌前。

作为体制内的人，这群“麻友”是饱受儒家教育、受皇恩、食君禄的文化人，按照老师多年的教诲，忠臣不侍二主的人生信条，应该与皇帝朱由检同进退；明政府帮助他们实现光宗耀祖、使他们依靠政府赋予的合法伤害权大发横财，名利双收，按照权利义务对等的原则，他们应该与明政府共存亡。

道理归道理，原则归原则。作为这张特殊麻将桌前的“麻友”们，如何打好他们手里的十三张牌，只与他们自己的真实需要有关。

确实有四十多名官员选择了与大明王朝共存亡。譬如工部尚书、东阁大学士的帝国高级官员范景文；礼部尚书倪元璐；右副都御史施邦耀等。

只要仔细分析，在这些以身殉国的官僚中，普遍具有以下相同的特点：一、南方人比较多，有四分之三来自长江流域。在城破之前，他们当中的大部分人力主迁都南京，因为他们在老家拥有大量土地和财产；二、入职比较早，职位比较高，年纪比较大，受皇恩比较重。

这些人在官场沉浮多年，可以说该拥有的都拥有过，该体验的也都体验过，年近古稀，金钱美女在他们眼里，已经是带不走的浮云。因此，他们要打忠义牌，给后人留下自己的忠烈牌坊。

最让人最感动的，应该是右副都御史施邦耀。城破之后，他解带自缢，却被家人救下。苏醒后，他又服下砒霜而死。

那些奋斗多年、仕途刚刚开始、或者掌握权柄不久的人，并不想为大明王朝殉葬。他们视自己为高级矿工，在乎的是自己能挖到什么，而不在乎在什么地方挖。

以这种心态打牌的人，当属兵部职方司主事秦汧、翰林院学士赵玉森、礼部主事张琦和礼部侍郎王孙蕙等人。

在北京城破的三天前，王孙蕙还一把鼻涕一把眼泪的向皇帝朱由检保证，李自成一旦杀入北京城，他一定会选择以身殉国，宁为玉碎，不为瓦全。他的表态，让朱由检很感动。

当大顺军队攻入北京城，明政府大小官员失去权杖时，王孙蕙在家里审视着自己手里的一把烂牌。母亲的哭声，老婆的叫声，孩子的闹声，使他决定改变事先拟定的出牌计划。

王孙蕙告诉家人不用担心，自己手里的牌虽然是死的，但游戏规则是活的，能不能赢，不在于手里有什么牌，而在于按什么规则去玩。

他找来一张宽幅黄布，在上面写下“大顺永昌皇帝万万岁”九个大字，用竹竿挑起，挂在家门外。

李自成进城时，他和秦汧、赵玉森、张琦三人在城门口站成一行，准备迎接新君。当大顺军队从他们身边经过时，他们谦卑地鞠躬行礼，表示甘愿为新主子效犬马之劳。

光表态不行，还要有具体行动。王孙蕙听说大顺政府准备甄别、辑录明政府的旧官员，这对他来说，绝对是混入大顺政府矿坑里挖钻石的好机会。他还打听到具体负责审核的官员名叫宋企郊，是赵玉森的旧交，就对赵玉森说：“现在是大顺开国之初，我们必须占得先机，才能获得理想的位置。”

赵玉森带着王孙蕙、秦汧去见宋企郊。三人走进衙门口后，谁也没想到，王孙蕙突然从口袋里掏出一张纸并将其举过头顶，上面写着：臣王孙蕙进表。

王孙蕙把“进表”二字顶在头上，就是明确表示他甘心无条件为新政权服务。宋企郊对这种“麻友”给出这样的评价：字，写得不错！

王孙蕙被宋企郊安排到吏部任监察之职后，他为了让自己手中的牌更硬一些，便利用职权，把和他关系不错的七个老乡，安排到地方做长官。他的这种行为引起宋企郊强烈不满，暗地里对他进行严厉斥责。

此时，王孙蕙已经明白，他一直被大顺政府在监视中使用、在使用中监视，那些人随时都可能找个理由砍掉他的脑袋。于是，他不再考虑宋企郊的辑录之恩，利用离京办事的机会，带着李自成颁发的令牌，安全通过各道关卡，逃出大顺政权的势力范围。此后，他烧了随身携带的大顺政府的介绍信，继续南下，但是最后却被土匪杀掉了。

最让人无法接受的是，大学士魏藻德、朱由检亲点的殿试一甲状元周钟、一甲探花陈名夏也都相继投靠李自成。

假如明朝崇祯皇帝朱由检没有死，面对此情此景，他应该说些什么呢？其实，他没有任何理由抱怨。在这个时候，每个人都有权利按照自己的需要出牌。

我们在各种文化背景的公司中行走，混迹于公司的底层或中层。公司的制度可能是倡导能者上庸者下，多劳多得、不劳不得；还有可能变相鼓励能干的不如不干的、不干的不如捣乱的。我们面对的领导和同事，可能是英明民主的，还可能是卑鄙龌龊的。我们拿脑力或体力换取的收入，结果可能是我们满意的或者是不满意的。

我们随时都会遇到猪一样的领导，狗一样的同事。这些与我们朝夕相处之人，不是我们能选择和决定的。面对这些人，我们唯一能做的就是淡定，可以与之相处，但不能受其影响，更不能奢求他们能按照我们的需要出牌。

在同一时刻的同一件事情上，在不同位置上的不同身份的人，都会有不同的着眼点和出发点，也会有不同的利益诉求，因此他们就会有不同的言行和态度。

我们习惯性地认为，你是什么样的人，就应该做什么样的事；你是我的什么人，就应该为我们负什么样的责任。如果我们死乞白赖地这样想，就得死乞白赖地活着，自己累，别人也跟着累。

在巨大的生存压力下，或者在欲壑难填的人面前，在游戏规则都可以随意改写的情况下，他们做出任何选择，我们都不要惊讶，因为他们只按照自己的需要出牌。那些牌，可能在情理之中，也可能在我们的意料之外。

除了父母，没有人有考虑我们冷暖饥寒的义务。有人考虑，是我们的人情；没人考虑，是他们的本分。

在乎不起的事，就不要在乎，这叫淡定，淡定的人生不寂寞。

躲不开的人，就及时将其忽略，这叫归零。及时归零，是最安全的生活模式。

5. 不为一口食物做囚徒

因为出身社会底层，没有父辈的人脉资源可用，我们龇牙咧嘴地坚持到大学毕业，踉踉跄跄地进入社会后，为了生存，为了生计，很可能会找到一个能赚钱但是没有发展前途的工作，暂时过渡一下，准备在此期间等待机会发现机会。

事实上，对于这样的工作，我们很可能一做就是几年，甚至是一辈子。

一旦我们适应了一个环境、熟悉了一批人，形成了固定的职业模式，生活略有安逸，领导对我们还算过得去，我们干得也不错，待遇比上不足比下有余，工作的环境不算太虐心，我们就很难放弃这种鸡肋一样的工作了。这种撑不死饿不着的工作，把我们变成温水中的青蛙，慢慢蚕食掉我们身上的很多东西。譬如它会磨掉我们的意志，消耗掉我们的激情，扼杀我们奋斗的野心，让我们在不知不觉中变得平庸无奇。

熟悉的环境会让我们失去换一份工作的勇气，学会认命，进而简单地认为，一切天注定，胡思乱想没有用。没有发展前途但很安逸的工作，会让我们忘记选择这份工作的初衷。当初选择做这份没有发展前途的工作，是为了解决我们暂时的生计问题，而不是做一辈子。

我们打工，不仅仅是为了生存，还得为了生活，更得为了发展。

毕竟我们 50 岁时，无法像 20 岁那样赚钱。

我们的适应能力是非常强的，可是一旦适应了一种环境，就很难再去适应一个新的环境，特别是去一个陌生的环境。

在工作一段时间之后，我们可能会因为适应了那里的人和环境，习惯了那种慢节奏的工作方式，满足了那样的待遇，渐渐地变得慵懒懈怠了。

曾经激情四射、有理想有抱负的我们，现在每天除了工作之外，不是和同事打牌下棋侃大山，就是看那些漏洞百出欺人弱智的电视剧，在随波逐流中把脑袋变得空空的，对未来不再多想，也不愿多想。

一个人三年不说话，语言系统会丧失。我们三年一直做简单的重复性工作，想象力和创造力也会丧失。

简单、重复、任何人都可以做的工作，只能维系我们的生存，却改变不了我们的命运。我们的父辈就是犯了这样的错误，导致我们这一代人的生存无比艰难。

如果我们在复制父辈的生活，我们的后代会比我们更难。他们的生活成本，就像现在的房价，没有最高，只有更高，会让他们活得更没有尊严，更没有脾气。

江菲，一个普普通通的女孩，出生在安徽省一个普通的农民家庭。因为家里没有什么经济来源，再加上孩子们都要上学，所以生活一直很拮据。1990 年 7 月，刚满 17 岁的小江菲初中毕业，为了不再给家里增加负担，她就没有继续读高中。

辍学回家后，江菲一边帮父母干农活儿，一边打工，和父母一起挑起养家糊口的重担。1994 年，21 岁的江菲带上家里仅有的 200 元钱到安庆市打工。因为只有初中文化，又没有一技之长，找一份好工作对她来说确实不是一件易事。她只能从事一些没有任何技术含量的体力劳动。

几天之后，江菲在位于批发市场的一家粮店里找到一份工作。

老板是一位中年大姐。她与老板达成协议：老板供她住宿，没有底薪，她每天用现金以批发价从店里进货，由她蹬着三轮车出去卖。

第一天，江菲就赚到 15 块钱。这是她第一次赚这么多的钱，夜里她兴奋得把 15 元钱掏出来看了又看。从此以后，江菲每天天不亮就起床，早早地从老板那里拿到米和油，再运到几个小区门口叫卖。由于她的米和油质量很好，再加上是送货上门，所以一天下来，她总能赚到几十块钱。两个月后，她就攒下了一千块钱。她把这些钱一部分汇回家里，留一部分给自己。一年之后，江菲已经有五千多块存款了。她向自己的财富之旅迈出了坚实的第一步。

有一天，江菲给一位客户送大米。在上楼梯的时候，一不小心脚下一滑，一下子就从高高的楼梯上摔下来，米袋子重重地压在她的身上。她感到浑身上下都在火辣辣地痛。她咬紧牙关，晃悠悠地扶墙站起来。所幸的是，她只是受了些皮外伤，并无大碍。她稍微歇息一会儿，忍着痛继续背起那袋米，费很大力气才把米送到客户家里。

那天晚上，江菲步履蹒跚地回到住处。躺在床上，她思绪万千，久久不能入睡，身体上的剧痛让她的头脑格外地清醒。幸亏自己年轻，换了年龄大的人，今天还不知摔成什么样，会有什么样的严重后果。现在自己年轻，还能够凭力气赚点钱。再过几年，自己还能靠出卖苦力赚钱吗？自己不能一直这样干下去，要想条出路才行！能够改变自己命运的出路，就是要靠钱赚钱，而不是靠有限的体力赚钱！

说干就干，1997 年 3 月，江菲在安庆市石化住宅区租下一个门面，开了一家粮油店，自己当老板。为了延揽顾客，她直接给自己的粮油店起名为“信用商行”。

经过一段时间的摸索，江菲积累了一些经验。她开始直接从一级粮油批发商进货，有时直接从厂家进货。这样一来，生意的利润空间就大多了。

积累了一定资金以后，江菲又开了第二家店。不过，很快她就发现这里人口密集，而商店却很少，非常适合开一家大型超市。于是，江菲就和男友杨锋商量，在这里开一家超市。杨锋对她的想法非常赞同。经过紧锣密鼓地准备，江菲的“信用超市”终于开业了。

由于地理位置好，江菲的“信用超市”很快就赢利数十万元。两年之后，江菲和杨锋又在开发区附近买下一块地皮，投资一百多万元，建起一座星级酒店。从此，江菲陆续把自己的投资向多个行业延伸。到目前为止，江菲已经拥有了大大小小十多家酒店和超市。

一个有思想、有目标的人，是会选择会放弃的。人生的每一次经历，都是为自己以后活得更好做准备——有目的的准备！

一旦我们解决了自己的生存问题，有了一定的经营资本后，就应该想想我们现在干的事情，是否是任何人都能干的事情，接着再做几年，结果又如何。除了我们省吃简用能攒下点钱以外，还能有别的收获吗？那时我们的判断能力是不是已经变得和常人无异？

我们做任何等待和忍耐都应该是有目的的。没有目的的等待和忍耐，只能是对自己青春年华的蚕食和浪费。

我们一旦解决了生计的问题，就应该去做自己最想做的事情，比如开一家公司，或者换一份有前途的工作，比如进入拥有更大发展空间的公司。这时候，毕竟我们赚钱养活自己已经不是问题了。

不论现在在哪里，在做什么，我们都应该有梦想，有追求。不论在什么境遇里，和什么人在一起，我们都不应该忘掉自己最初的梦想和追求，更不应该因为衣食无忧就忘记自己来时的路，而是应该不断地为自己的事业大厦添砖加瓦。

我们可以在初入社会时为生存忙碌，但不能一辈子都为生存忙碌。如果我们打工的目的仅仅是为了赚钱，结果我们不但连钱都赚不到，而且永远奔波在赚钱的路上。

甘心与俗人在一起被俗事淹没，我们永远都是为了一口食物而不断奔走的狼！

6. 关注自己的需要，忽略别人的眼神

在清朝康熙年间，北京城里出现一个象棋天才。他棋风飘逸、棋路离奇、招法令人匪夷所思，不按常理布局。即使是棋界成名高手，与之对弈，也被他杀得晕头转向，昏招频出。因此，他被圈内人誉为“鬼才棋王”。

自成名以来，鬼才棋王与国内数百名高手、国手对弈时，习惯迟到一刻钟。他出现在对手面前时，总是手拿一把巨大的折扇，一身白衣，显得器宇轩昂，风流倜傥。他的步伐平缓稳重，目光犀利，一副自信满满、居高临下、舍我其谁的架势。

不论对手是谁，棋盘上局势如何，他总是镇定自若，气定神闲，好像结果已在他的掌控之中。他时而起身到窗前观景，时而品茗摇扇。对手出招时，他目光犀利，似乎洞穿对方肺腑，嘴角挂着冷笑，蔑视中透着狡诈；他出招时，右手拇指和食指娴熟地夹着棋子，不假思索，应声落盘，果断利落，似乎成竹在胸，胜券在握。

无论对方赛前准备得如何充分，对鬼才棋王的棋路有多深的研究，此时均是方寸大乱，频频出错，最后只能投子认输，自叹不如，甘拜下风。

鬼才棋王与各路棋手对弈上百局，无一局失利，让棋手与棋迷们不得不研究他的棋路和弈技，试图找到他的弱点和破绽，揭开他百战百胜的奥秘。怎奈鬼才棋王下棋随意随心，毫无章法、规律可

循。即使某高手把他的常规招式熟记于心，了然于胸，再次与之对弈时，依然被他杀得一败涂地。

于是，众人打心眼里认为棋王是千年一遇的鬼才，凡人不可战胜。

谁知，难求一败的鬼才棋王突然接到一封从江南水乡寄来的挑战书，请求与之在京城某知名茶馆对弈三局，并以重金作码。鬼才棋王自然不把这个山野村夫放在眼里，欣然应战。

消息传出后，震惊京城棋界。凡是输给鬼才棋王的人均认为，来自穷乡僻壤的挑战者乃井底之蛙，自不量力，必输无疑。虽然这次对弈结果毫无悬念，但他们还是急切地期盼鬼才棋王再次续写神话。

对弈那天，茶馆内外人山人海，棋迷们翘首企盼。不过令众人想不到的是，挑战者居然是一位白发如霜、年过古稀的老人，还用一块黑布蒙着双眼。

鬼才棋王依然像往常那样的风流倜傥，姗姗来迟。随从在老人的耳边嘀咕几句后，老人起身，伸手示意弈王入座。弈王从未与蒙着眼睛的人下过棋，又见对手心无旁骛，内心深处不禁掠起一丝波澜，但他还是像往常那样镇定地坐下，准备迎战。

老人说："老朽自幼失明，为不失观瞻，只好蒙上双眼接受棋王赐弈，望阁下见谅海涵。"

鬼才棋王微微一笑，说："鄙人自出道以来，只求一败，几年来却难以如愿。现我已置下良田百顷，豪宅几座。此三局筹码，说多不多，说少不少。它一旦易主，不知道对您意味着什么，还请三思啊!"

老人说："老朽已是土埋脖子之人，对名利早已了无牵挂。今天有幸与棋王对弈，只求一乐。不过，老朽下棋时有一怪癖，偶尔会摸摸棋盘上的棋子，不知棋王能接纳否?"

鬼才棋王不屑地冷笑道："我的怪癖比你还多，举棋不悔即可，一切随你！”

老人说：“谢谢棋王宽怀，多多担待！”

对弈开始。老人虽然看不见棋盘上的棋子和局势，却不用随从提醒，仅凭落子的声音，就能准确判断出对方如何落子。鬼才棋王落子之后，老人不假任何思索，随即跟上。空闲时，他还用手指不时地轻轻地触摸着棋盘上自己和对方的棋子。

老人犹如圣古时代的姜子牙，手持打神鞭，气定神闲，占点布局，看似随意，却暗藏杀机。

在老人出神入化的布局之中，鬼才棋王显得手忙脚乱，以往的下棋的风采一扫而光。结果首局棋王中盘便投子认输，这是在场所有人始料未及的。第二局、第三局，鬼才棋王虽然总结失败教训，不再轻视对手，下得小心谨慎，但最终还是以三局全败告负。

鬼才棋王自愧不如，奉上对等的筹码之后，转身匆匆离去。

盲眼老人三局轻松完胜对于京城棋界高手无解的鬼才棋王，让他们不得不对老人佩服得五体投地。他们齐聚老人下榻的客栈，再三恳请老人赐教一二。

老人说：“鬼才棋王的棋艺造诣确实深不可测，但还没有达到让你我无解的地步。我的棋技，与在座各位只在伯仲之间，甚至在各位之下。”

有人质疑老人的话：“我对鬼才棋王棋路研究得不可谓不透，但与之对弈时，却从无胜绩。作为双眼失明之人，如果你的棋艺不在我之上，怎能连胜棋王三局？”

老人呵呵一笑：“这位爷，你已经说出我赢棋的奥妙了。你与鬼才棋王对弈，不是输在棋艺上，而是输在你的心明眼亮上。你的心思不在棋盘之上，而在他的身上，岂有不输之理？我眼盲心净，不想其名，不虑其技，不看其眼，不思其举，不受与棋无关之事干扰，赢棋自然在情理之中！”

老人如此一说，诸高手恍然大悟。他们在与鬼才棋王对弈之前，已怯其名，已惧其技，已畏其神；对弈之时，看到他气定神闲，镇静自若，胜券在握的样子，他们便认为此局必输无疑。即使棋王下出昏招，他们也怀疑是他故意布下的陷阱，不敢趁机剿杀；一旦被动，他们便心浮气躁，手忙脚乱，急于放弃。

他们输棋，不是输在技不如人，而是输在迷信别人，不忠于自己。

我们处事时，也会不自觉地受对方的社会地位、声誉、身份和身价干扰，进而失去准确的判断和应有的坚持，导致我们轻易放弃自己的原则和底线，故而时常忽略自己追求的目标。

譬如，两个人与我们谈判，一个开宝马汽车来，一个骑自行车来，我们给出的条件往往不同，即使让他们做同一件事。

2010 年，在美国篮球职业联赛中，华裔菜鸟球员林书豪打出 27 + 11，上演 0. 5 秒内绝杀猛龙队，率队取得 6 连胜，在一周之内，曾经饱受质疑的他，成为震惊世界的“林疯狂”，全美的偶像。

黄皮肤、黑头发的华裔林书豪，由于身体素质一般，身高体重一般，在大学时代，没有一所篮球名校愿意接收他，因此他没有像其他著名球星在 NCAA 的经历和证明。进入 NBA 联盟之后，他的自身条件、篮球智商饱受出色的球探、眼光毒辣的教练、经验丰富的总经理质疑，认为给他在球队坐板凳的机会都是奢侈的。

林书豪相继被勇士队、火箭队裁掉。即使进入尼克斯队，他也是扮演打酱油的角色，时刻面临被裁掉的危险。

林书豪每天都参加球队的训练，每天都出现在队友、教练的眼皮底下，但是没有一个人相信他能给球队带来帮助。

面对这些行家接连的否定、队友不屑的眼神、随时被裁掉的危险、年薪不及队友年薪的零头时，林书豪均选择视而不见。他把自己所有的注意力全部集中在训练上，集中在篮球上，哪怕他很难获得一秒钟的上场时间。

也许再过一天，林书豪就要与 NBA 的赛场说再见了。尼克斯球队两位当家球星因个人原因不能出战时，无人可用的教练不得不把林书豪派上场，结果他抓住机会，给纽约人制造了惊喜，并且接连书写励志奇迹。即使面对篮球金童卢比奥、战神科比时，他也用近乎疯狂的表现拯救了纽约尼克斯球队，同时也拯救了自己。

Hardwood Paroxysm 网站专栏作者 Danny Chau 面对此时的林书豪，给出了准确的评价：如果说林书豪证明了什么，那就是忠于自己是多么的重要。

不断制造奇迹的林书豪，只忠于自己，只忠于篮球。他不在乎权威审视他的目光和不负责任的预见，不论他们是专业的总经理还是职业球探，不论面对篮球金童还是战神科比，他的注意力只集中在比赛中、篮球上。

因此，他受到了“上帝的眷顾”。不对，也许他就是自己的上帝。

我们反思一下，不论面对何人，处在何方，自己是否时刻忠于自己，时刻把注意力全部集中在正在做的事情上？肯定没有！上帝没有眷顾我们，仅仅是因为我们对自己都不忠实，连自己都不相信！

既自卑、自负又不自信，是我们行为处事的通病。因为教育理念上的缺欠，因为成长背景的恶化，使我们从不敢专注于自己想要什么，却过多关注别人怎么评价自己的所作所为。

面对竞争对手，我们会习惯性地考虑自己的短板、对方的长处，总觉得自己不行。不是对手有多强大，而是我们从未自信；面对眼前的困难，我们从不积极主动地需求解决办法，而是愿意接受别人不负责任的分析和判断。

同一个问题，从不同的角度看，就会得出完全不同的结论。对于同一件事，每个人都有不同的利益诉求。没有一个人知道我们内心真实的需要，没有一个人能比我们了解自己，没有一个人能为我们的选择结果埋单。

凡事无绝对，信佛都不如信己，没有人能准确预见我们的将来。

已经长大的我们，不再是过河的小马，必须时刻忠于自己内心的真实需要，把注意力集中在自己追求的目标上。

只有这样，我们才会输了无怨、赢了坦然。

7. 翻脸不如翻身

来自社会底层的我们，经过岁月的打磨，家庭责任的负累，面对种种人为制造的不公平，已经学会了隐忍和退让。毕竟，这个时候的我们，赢得起，输不起。

一个集团对另一个集团的压榨，是没有底线的。如果我们无法成为领导需要的人，就会成为领导连续打压的人。很多单位都有这样的领导、这样的员工。很多时候，我们就是被领导打压的角色。

即使领导心里很清楚，他对我们这样做，既不合情，又不合理，甚至不合法，但他依然会选择这样做。因为只有我们难过，他心里才舒坦。

如果我们遇到这样的领导，是和他翻脸还是自己翻身呢？我们仅仅是这个公司盘剥的对象，完全可以一走了之，但绝对不能因为分手而翻脸。我们可以换工作，但不能轻易换行业。同一城市里的同一行业，说大也不大，与领导翻脸的事情传出去，我们说不清道不明，对我们有害无利。卑鄙的人永远卑鄙，君子斗不过小人。

只要我们在另一家公司混得好，就是翻身。从我们自身实际利益来说，翻身比翻脸要重要得多。

如果我们暂时不想离开或者不能离开，就更不能与领导翻脸。这一点，美国著名演讲家朱迪斯在一家保险公司做员工时，就把其中的道理演绎得淋漓尽致。

前总经理罗伯特退休、新经理西蒙上任，作为罗伯特最信任的总经理助理朱迪斯，成为西蒙最不信任的人。一朝君子一朝臣，这个道理在全世界都适用。

朱迪斯想过辞职，但是她不知道自己除了做保险公司的总经理助理还能做什么。毕竟，她在保险行业做这种工作已经很多年。她所认识的人，都和保险有着直接或间接的关系。最要命的是，她认为自己的适应能力非常差，除非真的走投无路，否则不会轻易离开熟悉的环境、熟悉的人群。

西蒙给朱迪斯两个选择：1. 到营业部做底层的保险推销员；2. 向公司递交辞职报告。

对此，朱迪斯非常不满。她心里很清楚，西蒙这样做的目的，就是不想见到他不信任的人好过。

第二天，朱迪斯从总经理助理办公室搬离，到营业部上班。

她之所以没有和西蒙翻脸，立即辞职，原因很简单：1. 她只有高中学历，一时很难找到合适的工作；2. 自参加工作以来，她一直在保险公司工作，对别的行业一无所知；3. 即使要换工作，也要利用保险业务员工作的高度自由，骑驴找马；4. 她以前做过保险销售，懂得保险销售的技巧，也做成过多笔业务。

朱迪斯很多年没有做保险业务了，她现在必须从零开始。

她每天到公司开完早会之后，便出去做业务。每天她都坚持做足 8 小时，见 100 名客户。三天内，她被人拒绝 300 次，却没有拿到一张保险单。

一个月过去了，朱迪斯依然没有签单，心里非常着急。可以说，她几乎动员了自己所有认识的人，却没有人愿意购买她推销的保险。这个月，她不但没有赚到一美分，还搭上很多钱。

如果朱迪斯再不签单，只能无条件走人，西蒙达到了他的卑鄙目的。现在朱迪斯最想做的，就是和西蒙大吵一架，然后转身走人，但她没有这么做。因为她知道，西蒙可能非常愿意看到她走投无路、气急败坏的样子。

这一天，朱迪斯突然接到大通曼哈顿银行加利福尼亚分行行长丽塔的电话，她的孩子病了，无人照顾，问朱迪斯能不能帮助她照看一下孩子。

在上个月，朱迪斯曾经三次拜访这个女人，她态度虽然和蔼，却以各种理由拒绝签单。现在她怎么好意思求自己帮忙呢？心情已经坏到极点的朱迪斯，真想对她说一句“滚犊子”。

朱迪斯没有这样做，而是带着鲜花和礼品赶到医院。

丽塔的孩子艾丽丝被确诊为急性肺炎。不巧的是，她丈夫到法国出差，总行到北加利福尼亚支行审计，作为行长她不能离开，急得她团团转，不知如何是好。

丽塔难为情地对朱迪斯说：“我现在真的需要朋友的帮助！我丈夫被公司派往法国，半年后才能回来；保姆的丈夫因车祸住院，她请假回去照顾丈夫。总行来银行审计，作为一行之长，我无法离开。孩子病得这样厉害，需要有人陪护，我不知道现在怎么办！”

朱迪斯毫不犹豫地说：“如果你相信我的话，请把孩子交给我，我会照顾好她的。我是三个孩子的母亲。”

朱迪斯的慷慨和仗义，让丽塔非常感动。

艾丽丝出院后，丽塔拿出 2000 美元送给朱迪斯，做为她照顾爱丽丝的酬劳。丽塔真心实意地希望朱迪斯能把钱收下，朱迪斯却毅然拒绝了。

丽塔把朱迪斯照顾艾丽丝的事，讲给同事和朋友，这些人纷纷主动打电话约见朱迪斯，要给自己和家人上保险。

像原子裂变一样，朱迪斯和很多人发生了意想不到的化学反应。曾经让朱迪斯愁眉苦脸的保险合同，纷纷主动递到她的面前，让她应接不暇。

只要是第一次拜访客户，朱迪斯都会根据客户的实际情况，精心挑选一件礼品带上。上门拜访时，只要客户不提保险，她绝对不提，而是和客户谈些与保险无关但彼此都感兴趣的话题。客户咨询时，她会根据客户的实际需要，精心设计出既经济又实惠、且能满足客户的保险组合方案。

每次拜访客户，她都像去看望老朋友一样，带去的是关爱、关注和关心，带回来的是一份或者几份保险合同。

以丽塔为基点，朱迪斯编织了一张庞大而无形的业务关系网。每个新客户，在保单签订之后，又会成为她的义务宣传员、推广员。即使她待在家里，也会有人主动打电话，请她为自己、家人做保险代理人。

朱迪斯没有想到的是，她现在每个月的收入，比做总经理助理多出四倍；让她更没有想到的是，她不再担心失业。能做保险业务的人，世界上就不存在他们不能做的工作。

朱迪斯从总经理助理被贬为底层的保险推销员。谁也没想到，以前拙嘴笨舌的她，经过半年的历练，却成为阳光、幽默、健谈的人。这为她日后成为美国超一流演讲家奠定了坚实的基础。

我们在遭受不公正待遇时，和对方翻脸是一件非常容易的事情，却解决不了任何问题。只能使双方的关系更加僵化，从而使我们失去一个平台和平台背后蕴藏的机会。

权力、信息、资源、地位不对等，就无公平可言。作为弱势群体的我们，与强势集团谈权利，谈公平，无异于与虎谋皮。他们心目中只有三大法——自己的看法、想法和说法，别的法均可忽略不计。他们对弱势群体的态度只有一个：有招想去，没招死去。

没有实力的愤怒是毫无意义的。只有我们彻底翻身，具备了一定的实力，别人才会邀请我们一起喝咖啡，凡事不得不考虑我们的看法和感受。

翻脸，仅是置一时之气；翻身，才是制一世之利。

8. 让计划服从变化

古时候，有一个渔夫，是出海打鱼的高手。他有两个习惯，一是出海前到市场看看什么海鲜价钱最高，就确定打捞什么；第二个习惯就是一旦确定打捞什么，严格执行自己的计划，雷打不动，宁缺毋滥。

这年春天，市场上的墨鱼供不应求，非常走俏，价格比往年贵一倍。于是渔夫便计划这一次出海全部捕捉墨鱼，发一笔大财。

他出海几天后，捞了几网，捞上来的都是螃蟹，而市场上的螃蟹价钱还不如墨鱼的三分之一。不，一定要打捞墨鱼，非墨鱼不打，他暗自下决心。在海上生活几天之后，由于生活物资用完不得不返航，他这次空手而归。

回到岸上到市场上一看，渔夫差点气晕过去。半个月前走俏的墨鱼快堆满市场每一个角落了，价钱还不到他出海前的四分之一。而螃蟹却少之又少，因为物以稀为贵，其价格已经比他出海前的墨鱼还高。渔夫想想自己扔回海里的螃蟹，后悔不迭，直捶胸口。他又暗下决心，这一次出海，一定多带生活物资，一定多到几个地方下网。他不信这个邪，凭着自己多年的经验还捞不着螃蟹！

这一次出海，渔夫只注意海下有没有螃蟹，然而他看到的却都是墨鱼。想想市场上那么多墨鱼，捞上来运回去，还不够柴油钱。一定要捕捉到螃蟹，他一边发誓一边在海上漂荡。真够倒霉的，这次他遇到的除了墨鱼还是墨鱼。

渔夫本来还想在海上多漂几天，多走几个地方，但是生活物资又没了，只能返航。他又一次无功而返。他上岸到市场上转了转，发现螃蟹价钱也不是那么高了，墨鱼的价钱也不是那么低了，不过都卖得不错。于是他再一次调整打捞计划，下一次出海，无论遇到螃蟹或者墨鱼，全部捕捞。

第三次出海后，渔夫严格按照自己的计划捕捞，可这一次螃蟹和墨鱼他都没见到，见到的全是马鲛鱼。结果可想而知，这一次出海他又是空手而归。

渔夫没有赶上第四次出海，他在自己的誓言中饥寒交迫地死去。

公元1世纪欧洲有句著名的格言："不允许调整的计划不是好计划。"中国也有一句俗语叫做"计划赶不上变化"，这两句话尽管字面意思不同，道理都是相同的：我们在做事前应该有一个目标，根据目标制定近的、远的计划逐步施行，但是，我们还要根据天、地、人、自己的实际情况，及时修正和调整自己的计划，合理、及时地决定自己放弃什么，选择什么。

初入社会，迫切想改变自己生活质量的我们，是有梦想有激情的。我们为了尽快地实现自己的梦想，也会制定很多自己认为完美的、不可更改的计划和行动。

最简单的例子，如我们爱上一个女孩，当时决定不论发生什么事情，遇到多大的阻碍，也要和她在一起，忠贞不贰，矢志不渝，非她不娶。

两个人真心相爱时，所说的话都是发自肺腑的。但是，地没老天没荒，海没枯石没烂，曾经相爱过的人却形同陌路。当对方已成为别人的新娘时，我们还坚守当初的诺言，欲爱不能，欲弃不甘，结果只能是给别人添乱给自己添堵。

我们初入社会，下决心改变自己尴尬的生活现状，确实应该有一个具体的规划。但是，在目标不变的情况下，这个规划绝对不是一成不变的。

就像我们决定去一个地方，可能有很多路可走，有多路车可乘。如果最初确定的路线人多路堵，或者乘坐的车中途发生车祸或抛锚，我们还坚持计划不变的话，就很难在最短的时间内到达目的地。

我们实现自己的目标也是一样的。在我们自身不断完善的过程中，社会也会发生变化，人们的需求会发生变化，我们的能力和实力也会发生变化。

这个社会既复杂又动态，新事物不断出现，旧事物不断淘汰。因此，我们从制定好实现目标的计划那一刻起，就必须随时准备应对意料之外的情况——这些情况可能让我们走到连自己都想不到的地方。

既然我们的计划要不断地改变，为什么还要根据自己的目标制订计划呢？因为通往成功的任何一条道路都是迂回曲折的，从起点到终点不可能是完全笔直的线，路上还有N多个充满诱惑的十字路口，让我们不知道该何去何从。

我们没有目标，就会迷失了方向，既看不清来时的路，也无法选择正确的路口。

进入社会只能空手夺白刃的我们，如果不能随遇随缘，死板教条地执行原来的计划，恐怕比没有计划更糟糕。这句话包含两层意思：1. 我们制定的计划会受到很多变化制约，而一些变化我们无法预料得非常精准；2. 我们必须具备调适能力，根据实际情况，能够随时修正、改进自己的计划。

当我们站在社会门口的一刹那，就必须要树立一个明确的人生目标，否则我们就会迷失在充满诱惑的花花世界里。目标确定之后，还要提醒自己，实现目标的计划是可以调整的，改变的。

当然，做出任何改变都不容易。那么，我们应该怎样科学正确地调整自己的目标和计划呢？改变计划要遵循哪些原则呢？

1. 及时修正计划，不能轻易改变目标

来自社会底层、见识没有那么多的我们，有一个难以避免的问题，就是很难抵御来自社会各个方面的诱惑。一旦我们经不住诱惑，就会轻易更改计划，并把向诱惑妥协当成自己的习惯，进而轻易地更换自己的目标。

短时间内随意地改变目标，会让我们一次次地从头再来，导致我们奔波多年一事无成，一无所获，甚至连生活费都积攒不下。人生大目标一旦确定，不要轻易更改，尤其是我们人生的终极目标。

目标是刻在水泥上的，而计划是写在沙滩上的。实现任何一个目标，都是由实现若干个计划组成。计划在天时、地利、人和、运气同在的时候才能实施。这些条件不具备，就得时时调整自己的行动。

2. 调整实现目标的期限

任何一个计划，都要有达成的期限。如果调整一个短期实现计划的办法，还无法实现的话，我们就要根据实际情况，把实现计划的时间延长，但是延长的时间应该有个限度。

如果在延长期限内还完不成，也许靠我们的力量真的无法实现了，就得放弃这个计划，再制定新的计划。

3. 降低计划的难度

我们树立了目标，恨不得马上实现，就会盲目地缩短计划的长度和宽度，无形中增加了完成计划的难度，导致我们尽全力也无法完成。这时候就需要我们把这一个计划再次分解，由易到难，由小到大。

我们因为现实的残酷、运气不佳、能力有限、获得的帮助不够才不得不降低实施计划的难度。降低计划的难度不是放松对自己的要求，而是让自己换一种思维，去考虑和审视自己的计划，选择自己能把握住的办法去向目标靠近。

4. 放弃目标

放弃原来的目标，也是实现另一个目标的重要组成部分。放弃本身就是一个残酷的现实，意味着我们以前所有的努力都将付之东流，而自己看起来一无所获。

一些目标，是因为我们误解而选择，因为了解而放弃，犹如离婚和辞职。一个人的资本、资源、能力都是有限的，想做的事情太多，而能做成的又太少。一旦我们锁定的目标，无论怎么努力都无法实现，就应该果断地放弃，重新设计自己的目标。

我们当初想挖到一块黄金，但是现在我们只能去找钻石，那么找到钻石也未尝不可。

这个世界根本就没有失败，只有暂时还没有成功，或者以另一种方式成功。

9. 这是赢在转折点的时代

一个人的一生中，有两个时间点非常重要：一是起点，二是转折点。

如果我们因为投胎的错误输在起点，因为自身的怠惰输在转折点，那么，我们的一生就注定要平凡甚至平庸。尽管我们的起点都不是自己选择的，却决定了20年内我们与他人之间存在着天堑般差距。

有人说，现在就是一个“拼爹”的时代。一个人的本事比天大比地大，都不如有个好爸爸。有好爸，得天下。看上去确实如此。草根的孩子苦苦奋斗十年，也未必能赚够“二代”某年年底的压岁钱。

假如我们在人生的起点，拥有一个超级给力的爸爸，小时候就不会遭受别人的歧视，就能接受世界上最好的教育，就能轻松找到前途无量的工作，创业资源用之不竭。我们既不会为生存忍辱负重，也不会为五斗稻粱忍痛割爱。只要我们想做事，能做事，就没有做不成的事。因为不但有人把我们扶上马，还能送几程。

我们之所以痛恨“拼爹”的人，是因为我们无爹可拼。我们为此愤愤不平，动辄在网上洋洋万言历数“拼爹”之丑陋，在微博上绞尽脑汁编排段子控诉“拼爹”之不公，以博取千人同情，万人呼应。

我们这样做，仅仅是逞一时口舌之快，结果能改变什么呢？估计除了使更多的人愤怒、郁闷之外，什么都改变不了。很多时候，很多事情，都是在乎的不明白，明白的不在乎。

我们之所以输在起点上，一可能是家庭环境，二可能是社会环境。然而，许多成功人士的经历表明：输在起点并不算输，因为我们的人生还有转折点。细数当代众多的名人、明星和富翁，哪一个不是苦苦经营数年，最后在人生转折点上抓住机遇，进而一举成功、成名的？

赢在转折点，不一定非得出大名、发大财或当大官。只要是通过正当的渠道和手段，实现自己切实可行的目标，就是成功。譬如，进城打工的人，在城里拥有一套属于自己的独立住房，让家人过上稳定的生活，对他来说就是一种成功。

成功，是一个无法用数据考量的概念。与我们自己作纵向比较有所进步，就是在接近成功，或者已经成功。成功不能作横向比较。任何人，只要作横向比较，可能都是失败的。因为天外有天，人外有人。每个人的资源、资本、资质、能力与能量都不一样，没有可比性。

在这个资讯异常发达的时代，我们时刻饱受各种信息的干扰和影响，并左右着我们对社会、对时代、对自己的判断，从而导致自己心浮气躁、戾气、怨气滋生，似乎我们有无数个理由接受贫穷或失败。

只要我们贫穷或失败，即使贫穷或失败得理直气壮、心安理得，直接受其贻害的，依然是我们至亲至近的人，除了父母和儿女，没有人为我们的贫穷和失败埋单。因此，我们成功难，不成功会更难。

已经输在起点上的我们，一定下决心改变自己，在人生的转折点上翻身，尽可能让自己和家人在社会阶梯中上行几级。

这个社会看上去似乎已经固化、板结，其实只是在某些板块、某些行业如此，如矿山、地产等近似垄断的行业；好多领域还是有很大空间的，如服务延伸与升级、新兴产业等行业。

三百六十行，行行出状元。兵无定势，水无常形。只要我们怀有改变家人生活状况的强烈愿望，对生活充满激情，主动调整自己努力的方向，为实现可行性目标积极奋斗，就一定能等来命运的转折点，也会赢在这个转折点。

社会的需要是不断变化的。每一次变化，都会出现大量的商机，都是一批人命运的转折点。比如，个人电脑的普及，使比尔·盖茨成为当时的世界首富；手机时尚化、娱乐化、智能化的需求，使苹果手机一统天下；城市的无限扩展，交通拥堵，生活节奏变快，催生了电子商务，导致淘宝网上商贾云集。

我们应该庆幸自己生长在不断变化的时代。在这些变化过程中，很多机会是不需要任何资质和条件的，这就给处于草根阶层的我们，提供了广阔的空间。只要我们善于观察、发现和总结，准确预见，并为之做好充分的准备，肯定会把握住一个或者多个机会，从而书写自己的人生奇迹。

下面简单列举 2012 年出现的转折点。

这一年，食品安全成为社会关注的焦点，人们对食品的需求已从“温饱型”向“营养健康型”转变。绿色、环保、无公害的食品，成为广大消费者的新诉求。一些提倡健康饮食的餐馆将成为新的消费需求热点，蕴藏着丰富的商机。

如果我们静下心来，从事绿色食品开发与生产相关工作，开办类似净菜社、药膳馆、天然饮食、自然菜馆、素菜馆等餐馆，不做大而全，只做小而精，想不赚钱都难。

这一年，富裕阶层越来越忙，对个人生活质量要求越来越高，个人事务、家庭事务无暇顾及，私事“外包”已成大势所趋。

作为初次创业者，完全可以为这个人群提供有针对性的、专业的“VIP”型的个性化、人性化服务，帮助富裕阶层打点琐碎的个人事务。只要我们做到让顾客感动、感激，必然有钱可赚。

这一年，由于人们对居住环境的环保要求日益严格。简装修、重装饰成为居民普遍认可的居住理念。但是，并不是每个人都能把自己的居室装扮得简洁大方，舒适靓丽并有独特创意。

只要我们懂生活，爱生活，有创意、设计能力，在精装修商品房的基础上，根据居住者的要求，通过窗帘、插花等技艺的点缀，从而改变家庭软环境的风格和内涵，就不愁没生意。

以上列举的三个行业，都是2012年非常赚钱的行业，也是善于捕捉机会之人的人生转折点。类似的行业还有很多，都是前景广阔的新业态。

创业者进入该市场的门槛也不高，初期要潜心做特色，创品牌，有了一定规模后可乘势发展连锁店，逐渐扩大市场份额，必然能在一个领域中占有一席之地。

事实上，固化、板结的不是社会，而是我们自己。因为怠惰，我们习惯把自己的命运交给别人掌控，自己恐惧学习和总结，不愿意主动思考和改变，导致生存模式一成不变，价值取向死板单一，不被社会淘汰才是怪事。

天生我材必有用。任何人都能成为社会的需要，只要他愿意。遗憾的是，我们在否定教育中长大，既见不得别人成材，还把自己当作劈柴。

我们把自己当人看、当人才看，是应该的，也是必要的。

只有这样，已经输在起点上的我们，才不会轻易放弃自己的追求。我们不能在直中取，还可以在曲中求，进而赢在转折点。

同样一件事，或者一个东西，不同人就会有不同的理解和预见。决定我们前途的，不是我们现在站在哪里，而是我们面向何方，看到多远，想到多少，做到多少。

这个世界，没有我们想象的那样好，也没有个别现象证明的那么坏。在我们自身能力有限或者受限的情况下，我们能做的，就是读懂世界、了解世人的真实需要，才能赢在转折点。

记住，是人选择了命，不是命选择了人。命，就是用来改变的，也是在转折点上改变的。在层出不穷的人生转折点上，如果我们不积极主动地采取实质性的行动，而一味地愤怒和抱怨，那么我们剩下的只有伤身伤神。

10. 完成破茧成蝶的过程

从前，深山里有一块铁，在强大外力作用下，被分成了六块，落在六个不同的角落里。每块铁都不甘心就这样在深山里被腐蚀成锈，一点点地烂掉。它们梦想着有一天，自己能被人发现，成为最有价值的商品。

第一块铁，被山下的铁匠发现了，拿回家去。这个铁匠是专门给村里拉车的马打造马掌的。不论什么铁块，只要到了他的手里，都会被他打造成马掌，然后以一副一文钱的价格向村民出售。那块铁被铁匠打成几副马掌后卖给了车夫，钉在马蹄上。

第二块铁，被县城里的一位刀匠捡到了。这是一位在当地小有名气的刀匠，他专门为县城里的伙夫们打造菜刀。因为他的手艺好，打造的菜刀锋利无比，经久耐用，一把菜刀在他这里能卖到十吊钱。刀匠把这块铁拿回去，经过高温熔化、锻造等几道工序，把这块铁变成了一把锋利的菜刀。后来一位厨师相中了这把菜刀，经过与刀匠讨价还价，最后花八吊钱买走了。这块铁也就成了厨师剁肉切菜的工具。

第三块铁，被四处寻找造剑好铁的铸剑师发现了。他是全国著名的铸剑师，一位将军委托他打造一把宝剑。他为了能够铸造一把让将军满意的宝剑四处寻找好铁。看到第三块铁时，他高兴万分。因为只要他把这块铁铸造成宝剑，将军就会给他一百两白银。铸剑师把这块铁拿回家里，经过反复冶炼，并加入不同比例的其他金属成分进行锻造、冷淬，再经过精密压磨抛光，三个月后，一把冷光森森的宝剑出现了。将军对这把宝剑非常满意，给了铸剑师一百五十两银子。将军凭借这把宝剑，驰骋疆场，保家卫国，立下赫赫战功。

第四块铁，被一位外国的钟表制造师发现了，拿到他的造表工厂里，经过多道程序的处理和加工，最后把这块铁变成了造型独特的西洋钟。这座钟最后被当地的一个富翁看中，毫不犹豫地掏出一千两银票，把这座钟摆到了他的豪华别墅里。

第五块铁，被一家机械厂的工程师发现了。这位工程师是冶金学博士，负责精密仪器材料生产和研发工作。他得到这块铁之后，如获至宝，经过分析研究，他发现这是块不同寻常的铁，如果加一些金属元素进去，就可以改变其性质，可以做成仪器上的游丝线圈。于是，他和他的助手对这块铁采用了许多细致的冶炼工序，成功地把这块铁加工成一台价值百万元仪器的核心零件——精细的游丝线圈。这台仪器之所以很多国家不能生产，就是因为不能生产这个游丝线圈。在国际市场上，那种游丝被世人称为软黄金。

第六块铁，被一个医疗器械工程师捡到了，把它加工成牙医的手术工具——用来钩出牙神经的钩子。一磅黄金的价值大约是两万五千美元，而一磅这种钩状钢丝比黄金要贵重几百倍。

从一大块铁上分出来的六块铁，落到六种不同的人的手里，成为六种不同的产品，也就有了六种身价和六种不同的命运。

来自社会底层千万草根之一的我们，就是这六块铁中的一块，很有可能成为马掌、菜刀、宝剑、名贵钟表、高级精密仪器、牙医手里的高级手术工具。至于成为什么，靠我们的野心、人生规划、学历、能力、进入的圈子和运气。

在凡事讲究资格的国度，学历是我们最容易获得的、但非常重要的砝码。所以，在我们读书的时候，能多学一点就要多学一点，能进名牌大学还是要进名牌大学，能跟上名师就力争跟上名师，能读一个博士就读一个博士，别信什么学历没有能力重要。有能力没有学历的人都是天才，而我们接受好的教育可能就是一个人才。

我们一辈子专门用来读书的时间并不多，适合学习的时间也不长。在这段时间内，我们还是应该把更多的精力、心思放在学习上。尽管当时我们并不明白自己为什么要学习这些无聊、枯燥的东西。书到用时方恨少。知识这东西，往往是用到的时候我们才知道不够，才想起来去学习。到那时候，工作、家庭和交际上很多琐事，必然要占据我们很多时间，花去很多精力的。譬如总是缠着我们逛街买东西的女朋友、带领孩子没完没了地参加五花八门的教育，等等。

我们获得高学历，就可能很容易地进入一个更好的圈子，比如像杜邦、微软、沃尔玛、强生、通用电气等世界知名企业。在这样的公司工作过，就像赢得过奥运会金牌一样，这种工作经历会给我们增加很大的谈判砝码。因为老板们都知道，在这些公司工作过的员工，能力是不用质疑的。

并不是我们所有人都能拿到高学历，拿不到也没关系，那就需要我们有野心，有赚钱的欲望，有一个切实可行的人生终极目标、有一套详细的人生规划和不断调整计划的能力。

同样的一块铁，冶炼锻造的方法不同，加入的元素不同、比例不同，它最后形成的产品就不同。

大学同住在一个宿舍的八个人，走入社会十年之后，社会地位、身份和拥有的财富肯定不一样。原因之一，就是八个人走出校门之后，走了不同的路，进入不同的环境，用不同的成功理念经营了自己。

上帝发到我们每个人手里的牌都不一样，如果上帝一不小心发给我们的牌很糟糕，那么该怎么办？上帝只是给我们发了牌，并没有规定我们必须怎么玩手里这把牌。我们应该根据自己手里的牌，来决定自己牌的玩法。同样一把牌，玩斗地主不能赢，玩 5. 10. K 游戏就可能赢。总之，根据自己手里不能更换的牌况，选择它具有最大优势的玩法，我们就可能成为赢家。

如果我们手里的牌非常糟糕，似乎玩什么都不成，那么我们还应该有三样东西，那就是：有一颗巨大的野心，永不消失的赚钱欲望，从小事儿做起从零做起的踏实劲儿。

在我们没有任何资源可以利用的时候，甚至在自己一无所有的时候，我们最起码还拥有善良、正直和勤奋。即使我们什么都做不了，还可以做最好的自己，能让认识我们的人知道我们是一个好人，是一个有上进心、值得信赖的人，那么我们就会有很多事情可做，别人也愿意把简单的事情让我们来做。

有了事情做，我们不要因为事情的大小、自己能获得多少利益而去考虑做与不做，而是尽心尽力地去做，尽善尽美，精益求精。这不是我们有什么目的性，而是我们做事情一贯坚持的原则和习惯。

做好人，就会做好一件小事；做好一件小事，就能做好一件大事。人生就是由许多小事和大事组成的，做好了每一件小事和大事，就等于经营好了自己的人生。

进入社会十年内，是我们破茧成蝶的关键时期。每一个选择，每一个决定，每一步路，每一个圈子，对我们来说都非常重要。我们要想尽快成为美丽的蝴蝶，飞过名叫成功的那条河，就得悉心经营自己的每一天，用心对待身边的每一个人，遇到的每一件事。

读者反馈卡

尊敬的读者:

十分感谢您购买本书以及对本公司的大力支持。为能继续提供更符合您要求的优质图书,烦请您抽出点滴时间填写以下调查表并寄回,您的建议与意见将是我们不断前进的动力。我们会定期从有效回执中抽取幸运读者,寄送公司最新出版图书或其它精美礼品。

北京兴盛乐书刊发行有限责任公司

通讯地址:北京市朝阳区小营路 10 号阳明广场南楼 14A

邮政编码:100101

读者 QQ 群:292306095(兴盛乐书友会)

电子邮件:xslzbs@163.com

公司微博:@兴盛乐书刊发行公司

公司网址:www.xslbook.net

1. 您了解本书是通过:

 □书店 □网络 □报刊宣传 □朋友推荐

2. 您购得本书的渠道是:

 □新华书店 □网上书城 □民营书店 □超市 □报刊亭

 □其他________

3. 您决定购买本书是因为:

 □书名吸引 □内容吸引 □喜欢作者 □偶然购买

□朋友推荐　□其他______

4. 您觉得本书的优点有：

□文笔好　□内容好　□封面漂亮　□排版舒服　□价格合理

□手感好　□其他______

5. 您会向他人推荐或者谈论这本书吗？

□会　□不会　□偶尔会　□看看再决定　□其他______

6. 了解本书之后，您会关注或购买公司其他图书吗？

□会　□不会　□偶尔会　□看看再决定　□其他______

7. 您决定购买一本书的因素包括：

□内容　□封面　□书名　□朋友推荐　□媒体推荐　□作者

□其他______

8. 您比较喜欢的阅读类型有：

□人文历史类　□财经类　□管理类　□励志类　□小说类

□纪实文学类　□传记类　□散文、随笔类　□女性、生活类

□亲子、育儿类　□科普类　□其他______

9. 您觉得本书有何不足之处，您有何修改意见或建议？

____

____

10. 有没有您想读但市面上却没有的书？

____

____

您的姓名______ **性别**______ **年龄**______ **职业**______

邮政地址______________________________

邮政编码______ **手机**______________

E-MAIL______________________________

QQ______ **微博**______________